英式家傳

イギリスの菓子物語—英国伝統菓子のレシピとストーリー

甜點地圖

從鄉村到皇室，57道英倫餐桌必備點心
探索大英帝國百年不敗的美味

作者 • 砂古玉緒　　譯者 • 連雪雅

生活風格　FJ1055

英式家傳甜點地圖：

從鄉村到皇室，57道英倫餐桌必備點心，探索大英帝國百年不敗的美味
イギリスの菓子物語─英国伝統菓子のレシピとストーリー

原 著 作 者	砂古玉緒
譯　　　者	連雪雅
責 任 編 輯	沈沛緗
行 銷 企 劃	陳彩玉、陳玫潾、朱紹瑄
封 面 設 計	陳采瑩
編 輯 總 監	劉麗真
總 經 理	陳逸瑛
發 行 人	凃玉雲
出　　 版	臉譜出版

城邦文化事業股份有限公司
台北市民生東路二段141號5樓
電話：886-2-25007696　傳真：886-2-25001952
發　　 行　英屬蓋曼群島商家庭傳媒股份有限公司城邦分公司
台北市中山區民生東路二段141號11樓
客服專線：02-25007718；25007719
24小時傳真專線：02-25001990；25001991
服務時間：週一至週五上午09:30-12:00；下午13:30-17:00
劃撥帳號：19863813　戶名：書虫股份有限公司
讀者服務信箱：service@readingclub.com.tw
城邦網址：http://www.cite.com.tw
香港發行所　城邦（香港）出版集團有限公司
香港灣仔駱克道193號東超商業中心1樓
電話：852-25086231或25086217　傳真：852-25789337
電子信箱：hkcite@biznetvigator.com
新馬發行所　城邦（新、馬）出版集團
Cite（M）Sdn. Bhd.（458372U）
41, Jalan Radin Anum, Bandar Baru Sri Petaling,
57000 Kuala Lumpur, Malaysia.
電話：603-90578822　傳真：603-90576622
電子信箱：cite@cite.com.my
一 版 一 刷　2016年9月

城邦讀書花園
www.cite.com.tw

ISBN 978-986-235-532-9
版權所有 · 翻印必究（Printed in Taiwan）
售價：NT$ 350　　HK$ 117
（本書如有缺頁、破損、倒裝，請寄回更換）

國家圖書館出版品預行編目資料

英式家傳甜點地圖：從鄉村到皇室，57道英倫
餐桌必備點心，探索大英帝國百年不敗的美味
／砂古玉緒著；連雪雅譯. -- 初版. -- 臺北市：
臉譜，城邦文化出版；家庭傳媒城邦分公司發
行, 2016.09
面；　公分. --（生活風格；FJ1055）
譯自：イギリスの菓子物語：英国伝統菓子のレ
　　シピとストーリー
ISBN 978-986-235-532-9（平裝）

1.點心食譜

427.16　　　　　　　　　　　　　105013680

前言

「英國有好吃的東西嗎？」

經常有人這麼問我呢！難道英國食物真的這麼「不好吃」嗎？

英國和日本一樣四季分明，同為被海洋圍繞的島國，海產也很豐富。地勢平穩的國土適合酪農業發展，放牧業興盛，因此擁有優質的乳製品與羊毛。英國料理的食材精良、風味獨特，是家家戶戶發揮智慧及巧思，代代相傳的經典美味。美食，可說是天天出現在英國人的餐桌上。

在眾多食物當中，點心多使用各地的特產製作，也因此具有最濃厚的地方色彩。大英帝國時代由殖民地輸入的珍貴食物、南洋國家的水果乾、可可豆等各種食材都成為製作點心的材料。當然也不能漏掉皇室的點心，像是廣受喜愛的維多利亞蛋糕，原是女王愛吃的甜食，後來才流傳至民間。英國的環境、歷史與皇室的關係緊密，從中誕生的美食至今仍是人人都愛的家常美味。

此外，從英國少見的懷舊點心或僅存於特定地方的傳統點心中，重新探尋英國古老而美好的文化，不也是件享受的事嗎？

本書娓娓道出英國點心的歷史，也以親切細心的步驟介紹作法。解讀古書，利用本土的食材做出風味點心，同時了解點心誕生的背景或小故事，將讓你的午茶時間加倍新鮮有趣。

就跟著點心一起漫遊英國，找尋你心中最「呷意」的那一味吧！

contents

前言 ……2
英國點心地圖 ……6

第1章　Scotland
蘇格蘭的點心
鄉村司康 ……10
煎烙司康 ……14
酵母司康 ……16
奶油酥餅 ……18
燕麥餅 ……19
丹第蛋糕 ……22
馬鈴薯煎餅 ……26
威士忌覆盆莓黃金燕麥 ……28

第2章　North England
英格蘭北部的點心
太妃糖布丁 ……34
約克郡肥油流氓 ……36
約克郡凝乳塔 ……38
果醬蛋糕卷 ……39
麥片薑汁鬆糕 ……42
起司司康 ……46
埃克爾斯餡餅 ……48
果乾蒸布丁 ……52
糖蜜餡塔 ……53

第3章　The Heart of England
英格蘭中部的點心
橙香英式鬆餅 ……62
米布丁 ……65
乳脂鬆糕 ……66
香橙檸檬熱布丁 ……68
貝克韋爾塔 ……70
貝克韋爾布丁 ……74
英式煎餅 ……76
大黃烤奶酥 ……78
傳統薑汁麵包 ……80

第4章　South England
英格蘭南部的點心
倫敦司康 ……88
培根起司鹹司康 ……90
英式蛋塔 ……92
香蕉太妃派 ……94
女王布丁 ……98
櫻桃派 ……100
巴騰堡蛋糕 ……102
巧克力布丁 ……105
豬油蛋糕 ……108
伊頓雜糕 ……110
沙麗蘭麵包 ……112
維多利亞蛋糕 ……114
糖漿海綿蛋糕布丁 ……116
懷舊麵包布丁 ……120
康瓦爾岩石餅 ……121
德文郡開花麵包 ……124

巴斯小圓麵包 ⋯⋯125

番紅花圓麵包 ⋯⋯128

切爾西麵包 ⋯⋯129

第5章 Northern Ireland
北愛爾蘭與威爾斯的點心

水果麵包 ⋯⋯136

薄煎餅 ⋯⋯138

威爾斯起司吐司 ⋯⋯140

威爾斯小蛋糕 ⋯⋯142

愛爾蘭紅茶蛋糕 ⋯⋯144

愛爾蘭蘇打麵包 ⋯⋯145

Column
英式下午茶 ⋯⋯56

四季的代表點心

春 復活節蛋糕 ⋯⋯30

夏 香橙優格凍 ⋯⋯82

　　夏日布丁 ⋯⋯83

秋 索美塞特蘋果蛋糕 ⋯⋯132

冬 杏桃柳橙百果餡派 ⋯⋯149

　　聖誕布丁 ⋯⋯150

英式點心的材料與道具 ⋯⋯154

英國在地的烘焙材料 ⋯⋯156

鬆脆酥皮的作法 ⋯⋯73

綜合香料的作法 ⋯⋯154

卡士達醬的作法 ⋯⋯159

太妃糖醬的作法 ⋯⋯159

本書通則

＊大匙＝ 15ml、小匙＝ 5ml。

＊奶油是指「無鹽奶油」。

＊蛋先退冰至室溫。本書用的是中型蛋
（M，約 50g）。以「g」標示時，意指從
蛋液中分取的量。

＊本書用的是瓦斯烤箱。若使用電烤箱，
溫度請再調高 10℃。烤溫會依烤箱的機
種或熱源（瓦斯或電力）而異。書中標
示的烤溫為參考溫度。

＊預熱烤箱時，請用比指定烤溫高 10℃的
溫度預熱。

＊手粉是製作點心時灑在手上或麵團上、
桌面上防黏的麵粉，通常使用高筋麵粉。

＊三溫糖是用製造白糖後的糖液製成，色
澤偏黃，甜味濃郁，常用於日本料理，
亦可用台灣的二砂代替。

英國點心地圖

本書除了介紹英國眾多世界知名的點心，如司康、奶油酥餅等烤焙類甜點，或布丁、乳脂鬆糕等蒸製、冷藏類甜點外，當然也不會放過鮮為人知卻無比美味的地方性甜點。

一起走吧！讓我們嚐遍英國各地的特色點心，同時悠遊於當地的歷史與文化中。

蘇格蘭

使用嚴寒地區栽種的穀物來製作點心，最具代表性的是燕麥餅。司康與奶油酥餅也很有名。

英格蘭北部

擁有豐沛的牧草地，生產大量的優質乳製品，因此經常使用起司或奶油作為點心的要角，也衍生出各種作法的塔及蛋糕。

英格蘭中部

這裡孕育了種類繁多、口味多元的布丁，像是用大黃或米做成的布丁，都是自古流傳至今的經典口味。

英格蘭南部

因地利之便，奶油或水果等食材容易取得，點心種類多到目不暇給！像英式蛋塔或維多利亞蛋糕等來自皇室的點心都名聞遐邇。

北愛爾蘭與威爾斯

由於氣溫低、不易發酵，於是以小蘇打代替酵母，在點心的製作上處處費心思。具飽足感的麵包類點心很多。

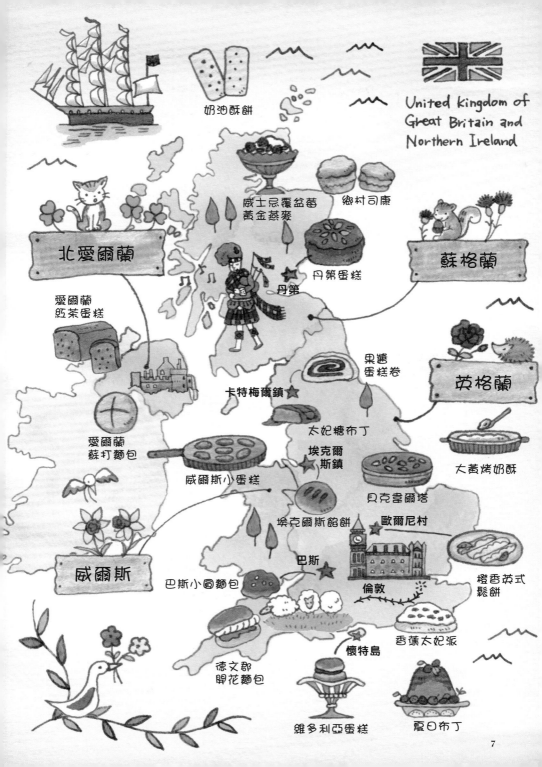

奶油酥餅

威士忌覆盆莓
黃金燕麥

鄉村司康

North Ireland 北愛爾蘭

蘇格蘭

丹第蛋糕

丹第

愛爾蘭
紅茶蛋糕

果醬
蛋糕卷

卡特梅爾鎮 ★

英格蘭

愛爾蘭
蘇打麵包

太妃糖布丁

埃克爾
斯鎮

大黃烤奶酥

威爾斯小蛋糕

貝克韋爾塔

埃克爾斯餡餅

歐爾尼村

威爾斯

巴斯

橙香英式
鬆餅

巴斯小圓麵包

倫敦

香蕉太妃派

懷特島

德文郡
開花麵包

維多利亞蛋糕

夏日布丁

United kingdom of
Great Britain and
Northern Ireland

7

Scotland

第1章　蘇格蘭的點心

鄉村司康	P10
煎烙司康	P14
酵母司康	P16
奶油酥餅	P18
燕麥餅	P19
丹第蛋糕	P22
馬鈴薯煎餅	P26
威士忌覆盆莓黃金燕麥	P28

點心的特徵

蘇格蘭的自然環境嚴峻，小麥栽植困難，主要作物是在寒冷地區也能培育的燕麥，故許多糕點與料理都使用燕麥片。寒冬來臨前，採集樹實、果實，製作果醬或耐久放的蛋糕，對蘇格蘭人來說是很重要的事。舊日的蘇格蘭人也有吃下午茶的日常習慣，代表性糕點司康便是從餐食延伸出來的點心。

克服嚴峻環境，歷經時代淬鍊
成就永恆傳世的經典糕點

　　位於英國最北端的蘇格蘭，在 1707 年與大不列顛王國合併，成為英國的一部分。雖然如此，蘇格蘭紙幣至今仍是這裡的通用貨幣，保留著濃厚的地方特色。合併近三百年後，在既有的英國國會外，1999 年又成立了蘇格蘭議會，可見蘇格蘭人對自身文化與自治權的重視。2014 年 9 月 18 日曾舉行獨立公投，十六歲以上的蘇格蘭居民皆可投票，雖然最後在贊成獨立者超過 46％的狀況下，由反對獨立派獲勝，但今後蘇格蘭的動向仍備受國際關注。

　　占大不列顛島面積三分之一的蘇格蘭，起伏多變的地貌是其特徵。從首都古城愛丁堡、工業大城格拉斯哥等都市廣布的低地（Lowland），到擁有廣大的美麗海岸線及丘陵地、尼斯湖等自然資源豐饒的高地（ Highland），這些地區都受到墨西哥灣暖流的恩澤。不過，由於土壤貧瘠、泥炭遍布，農耕活動仍有局限，所幸這些泥炭讓大麥的麥芽能夠釀造出醇厚的蘇格蘭威士忌。此外，由於燕麥的產量穩定，以燕麥為材料的餅乾糕點種類豐富，甜度低的烤焙點心也成為平日的餐食。蘇格蘭的傳統料理肉餡羊肚（Haggis，將羊內臟與燕麥塞入羊胃，水煮或燜蒸而成的長效期料理）也必定會添加燕麥餅。雖然在英國全國鐵路完工、物流運輸變得方便前，蘇格蘭的糕點並不普及，但現在一說起英國就會聯想到的知名點心，如司康、奶油酥餅、柑橘果醬或丹第蛋糕等，可都是源自蘇格蘭呢！

作法 → p.12

鄉村司康

英國的代表性糕點司康，正是誕生於最北端的蘇格蘭。在嚴峻的自然環境中，較易收成的燕麥與大麥是主要作物。以燕麥或大麥烤製而成的麥烙餅（bannock）是一種速成麵包，當地人用這種食物果腹，補充主食的不足。據說麥烙餅就是司康的前身，根據十六世紀的文獻資料，麥烙餅比現在的司康更為扁硬，在沒有烤箱的時代，人們只能用「鐵煎盤（griddle stone，原為石頭材質，p.15示意圖為較常見的鐵製烤盤）」烙烤，以此方法做成的扁麵包、餅乾是當時的主流糕點。直到1856年，霍斯佛德博士（Eben Norton Horsford）發明了泡打粉，隨著十九世紀後半的工業化發展，泡打粉開始量產、進入一般家庭，原本像餅乾一樣扁平的麥烙餅轉變為有裂口的蓬鬆司康，才有了今人習慣的鬆軟口感。

「司康」之名的由來眾說紛紜，最具可信度的說法有兩種：第一種是源自於蘇格蘭古語蓋爾語（Gaelic）的「sgonn」，意即「一口的大小」。第二種說法則與蘇格蘭斯康宮（Scone Palace）加冕儀式的加冕寶座基台——命運石（The Stone of Destiny）有關。命運石的歷史悠久，最初從埃及運到愛爾蘭，最後來到蘇格蘭，成為歷代國王的加冕寶座基台。但在1296年，統一蘇格蘭的愛德華一世（Edward I）又將其帶離蘇格蘭並安置於西敏寺，當成英國國王的加冕石。直到七百年後的1996年，伊莉莎白女王決定將其送返蘇格蘭。如今，命運石已不在斯康宮，而是在蘇格蘭首府愛丁堡。而司康的外觀，據說正是仿造這塊歷經波折的命運石。

🇬🇧 英倫餐桌報告

英式奶油茶點（cream tea） 在英國，「奶油茶點」（提供紅茶與司康搭配凝脂奶油、果醬的簡易下午茶）是相當普遍的吃法！即使在家也能品嚐現烤司康和紅茶，享受美好的奶油茶點。

Country Scones

鄉村司康

這款英國家庭常備的司康，最大的特徵莫過於側面的「裂口」了（日文稱為「狼口」）。雖然表面略硬且粗糙不平，口感卻相當鬆軟，嚐起來有濃厚的麵粉香，樸實又美味。

鄉村司康還有個特徵，就是超乎想像的大！因為夠大，即使外表粗糙不平，內部組織仍濕潤柔軟。剛出爐時最好吃，請務必一試。

❖ **材料**　直徑 6cm 的菊型　4 個
　　　　　剩餘麵團可做成直徑約 6cm
　　　　　的司康　2～3 個

低筋麵粉……220g

泡打粉……1 大匙

細砂糖……30g

無鹽奶油……60g

牛奶……110ml

手粉（高筋麵粉）……適量

❖ **前置作業**

- 奶油切成 2cm 左右的骰子狀，放進冰箱冷藏備用。
- 烤盤鋪上烤盤布。
- 烤箱預熱至 210℃。

保存方式
　放入密封容器，常溫保存 3 天，冷凍保存 2 週。

❖ **作法**

1　低筋麵粉與泡打粉拌合後，篩入調理碗。

2　加進細砂糖混拌。

3　再加奶油，用刮板切拌成鬆散的細沙狀。

4 用手確認有無大塊奶油殘留。

5 倒入牛奶，揉整成團。把麵團放在撒了手粉的平台上，不要搓揉，以折疊的方式折4～5次，然後壓成2.5～3cm的厚度。

6 用沾了手粉的菊型模壓麵團，放入烤盤。

7 剩餘的麵團用手稍微整形，一起放入烤盤。

8 烤箱溫度調至200℃，烤4～5分鐘，待司康膨脹變高後再轉至180℃，烤5～8分鐘。

9 烤到表面呈金黃色即完成。自烤箱取出，置於網架上冷卻。

英倫餐桌報告

創意無限的美味司康

目前英國的司康依口感可分為兩大類，一種是像鄉村司康這類酥鬆的司康，另一種是倫敦的軟司康（p.88）。剛出爐的司康最美味了，從烤箱取出後直接上桌享用吧！就算冷了，只要再次回烤還是很好吃，也可冷凍保存。在英國只要用家中常備食材就能做，方便又簡單。本書將會介紹各種口味的好吃司康，只要掌握好訣竅，還能隨心所欲地創作自己的專屬司康喔！

Drop Scones

煎烙司康

源自蘇格蘭的傳統司康，又名「蘇格蘭鬆餅（Scotch pancake）」。不必壓模，直接將麵糊舀入平底鍋內煎烙。它既可是茶點，也可作為早餐餐點。過去是用鐵煎盤（griddle stone，p.15）製作，今日多採用 AGA 烤箱灶的鐵板煎烙。

現煎的司康餅務必趁熱端上桌，搭配奶油或果醬、凝脂奶油等一起享用最完美的滋味。

A
低筋麵粉……100g
泡打粉……½ 小匙
小蘇打……½ 小匙
鹽……¼ 小匙

蛋……1 顆
細砂糖……25g
無鹽奶油……10g
無鹽奶油（煎司康餅用）……適量

❖ 前置作業

- 奶油隔水熱融。
- 蛋退冰至室溫。

保存方式
完成後盡快食用。吃不完的話，
放入密封容器，常溫保存 1 天。

❖ 作法

備料
1 將 A 拌合後，篩入調理碗備用。

2 另取一碗打蛋液，加入細砂糖，用打蛋器混拌。

組合
3 把熱融的奶油加進 **2** 裡混拌。

4 再把 **3** 倒入 **1** 裡，用打蛋器拌勻。

煎烤
5 奶油放入平底鍋熱融，舀入 **4** 的麵糊，壓成直徑 7～8cm 的圓形，以小
火煎烤兩面。煎太久水分會流失，導致口感變硬，需特別留意。

英倫餐桌報告

英國傳統好物「鐵煎盤」（griddle stone）
據說源自凱爾特（Celt）民族，除了蘇格蘭，
在愛爾蘭、威爾斯也被廣泛使用。古早時期
是石頭材質，現多以鐵製成，有圓盤與單握
把的設計。圓盤可直接放在暖爐的餘火上
加熱，圓弧提把則是可直接掛在暖爐上的掛
勾。雖然今日多使用瓦斯爐，仍有不少人在
尋找這種傳統的款式，也有以氟樹脂加工的
改造品。

Scones with Yeast

酵母司康

雖然目前多使用泡打粉來製作司康，
但過去也有加酵母的作法。維多利亞
時代的傳統司康配方就有這款酵母司
康！今日許多加泡打粉的烤焙點心，
原本都是以酵母製作呢！

使用酵母的司康口感更鬆軟、味道新
鮮。本書介紹的是混合酵母粉及泡打
粉的方便作法。

❖ **材料** 直徑 6cm 的圓形　8 個

A 「 酵母粉……8g
　 熱水……50ml

B 「 高筋麵粉……210g
　 泡打粉……1 大匙
　 細砂糖……40g

無鹽奶油……25g
蛋……½ 顆
牛奶……50g
葡萄乾……40g
手粉（高筋麵粉）……適量

❖ **前置作業**

- 熱水加熱至接近肌膚溫度。
- 奶油切成 2cm 左右的骰子狀，放進冰箱冷藏備用。
- 蛋退冰至室溫，打成蛋液。
- 烤盤鋪上烤盤布。

❖ **作法**

備料
1 將 A 拌合，倒入調理碗，靜置 15 分鐘。

2 將 B 拌合，篩入調理碗備用。再加入奶油，以刮板切拌成鬆散的細沙狀。

組合
3 接著倒入蛋液、牛奶以及 A，用打蛋器輕輕拌勻。

4 加進葡萄乾，用手仔細搓揉成光滑的團狀。

5 把麵團放在撒了手粉的平台上，用擀麵棍壓成 2.5cm 的厚度，用沾了手粉的圓形壓模壓麵團，放入烤盤。包上保鮮膜，放在已預熱至 30～40℃的烤箱或窗邊等溫暖的地方 30 分鐘，讓麵團膨脹為原本的 1.5 倍。

烤焙
6 烤箱預熱至 210℃。

7 麵團表面刷塗牛奶（預備材料外），烤箱溫度調低至 200℃，烤 4～5 分鐘，再以 180℃烤 5～8 分鐘。烤到表面呈金黃色即可。

保存方式
　放入密封容器，常溫保存 3 天，冷凍保存 2 週。

作法 → p.20

Shortbread

奶油酥餅

自古以來，蘇格蘭的聖誕節或愛丁堡跨年夜（Hogmanay，在愛丁堡舉行的新年活動）一定要備好這道點心。使用上等奶油、撒上幼砂糖（比細砂糖更細的糖），這道曾被視為奢華珍貴的甜點，現已成為聞名世界的英國經典點心。

據說做成圓形、邊緣鋸齒狀的奶油酥餅，象徵著寶貴的冬季陽光，而本書介紹的則是方便食用的長方形奶油酥餅。

作法 → p.21

Oatcakes

燕麥餅

燕麥餅是蘇格蘭的國餅！蘇格蘭各地皆設有磨碾燕麥（此處大燕麥片）的磨粉廠，燕麥愈是盛產的地方，磨粉廠也愈多，當然燕麥餅的種類也更豐富多元。

高地（蘇格蘭北部）的居民會將燕麥粗磨成粉或是壓扁成麥片，再製成麥片粥或燕麥餅。這款低熱量的餅乾如今已成為全英普及的開胃小點囉！

Shortbread

奶油酥餅

❖ **材料**　6×2cm 15 ～ 17 塊

低筋麵粉……150g
米穀粉……30g
糖粉……50g
無鹽奶油……115g
細砂糖（最後裝飾用）……1大匙

❖ **前置作業**

- 奶油切成2cm左右的骰子狀，放進冰箱冷藏備用。
- 烤盤鋪上烤盤布。

❖ **作法**

備料 → 組合

1　低筋麵粉與米穀粉、糖粉拌合，篩入調理碗。

2　加入奶油，用刮板切拌成鬆散的細沙狀。

3　待奶油完全融入麵粉後，用手搓揉成團。

4　在麵團的上下鋪放保鮮膜，用擀麵棍壓成厚1.5cm的長方形，放上烤盤冷藏30分鐘。

烤焙

5　烤箱預熱至160℃。

6　把4切成6×2cm的長方形，排入烤盤，以竹籤在表面戳洞，撒上細砂糖。

7　烤箱溫度調低至150℃，烤20～25分鐘，留意上色情況，小心別烤焦。

8　自烤箱取出後，連同烤盤布置於網架上冷卻。

保存方式
　放入密封容器，常溫保存1週。

若有多餘的麵團，可揉成球狀放上烤盤一起烤。

Oatcakes

燕麥餅

❖ **材料**　直徑 5cm 10 ～ 12 片

低筋麵粉⋯⋯40g
鹽⋯⋯½小匙
小蘇打⋯⋯¼小匙
大燕麥片⋯⋯110g
無鹽奶油⋯⋯50g

❖ **前置作業**

- 奶油隔水熱融。
- 烤盤鋪上烤盤布。
- 烤箱預熱至 190℃。

保存方式
　放入密封容器，常溫保存 3 天。

❖ **作法**

備料
組合

1　低筋麵粉、鹽、小蘇打拌合，篩入調理碗，再加大燕麥片。

2　將熱融的奶油加進 1 裡，用木匙混拌。

3　取 20g 的麵團，捏成小球狀，放入烤盤後用手掌壓成直徑 5cm 的圓片。

烤焙

4　烤箱溫度調低至 180℃，烤 10～15 分鐘。

 英倫餐桌報告

關於燕麥

蘇格蘭盛產燕麥，有許多使用燕麥的食物。最具代表性的便是將燕麥炊蒸、壓平後製成的燕麥片，也就是人們所知的「大燕麥片」。位處英國北部的蘇格蘭，自然環境相當嚴峻，人民生活困苦。農耕方法與器具都很簡樸，家畜飼養不易，於是燕麥與野燕麥成了主食。因而誕生出把乾硬的燕麥炊煮成麥片粥，或是搭配傳統料理肉餡羊肚一起吃的燕麥餅。相對於吃燕麥的蘇格蘭人，主食是小麥的英格蘭人擁有南部豐富的食材資源，因此英格蘭人總嘲諷：「蘇格蘭人吃的燕麥，在英格蘭是馬吃的飼料！」（"Eaten by people in Scotland, but fit only for horses in England！"），蘇格蘭人則不甘示弱地回應「所以英格蘭的馬很優秀，就像蘇格蘭的人很優秀」（"That's why England has such good horses and Scotland has such fine men"）。時移事往，過去只有鄉下人吃的燕麥餅，如今已被視為高級健康食材，全英皆有販售。

作法 → p.24

Dundee cake & Marmalade

丹第蛋糕與柑橘果醬

丹第蛋糕是蘇格蘭最具代表性的水果蛋糕，特徵是如花瓣般排列成環狀的杏仁。它的由來眾說紛紜，最具可信度的是創始者為James Keiller & Sons食品公司，因其所在地是港都丹第（Dundee）而命名。因分量厚重，也是蘇格蘭聖誕節蛋糕的首選，常常被放入「禮籃」（ hamper，裝年節賀禮的禮物籃）。對了，說到丹第蛋糕，當然也不能忘記柑橘果醬！

英國早餐必備的柑橘果醬同樣來自丹第。有一艘因暴風雨滯留在丹第港的西班牙塞維亞運輸船，蘇格蘭人奇勒先生（Mr.

Keiller）低價收購了船上久放老化的柳橙後，才發現這批柳橙原本是作醫藥用途，果肉又硬又酸，根本無法直接食用。正當他一籌莫展時，他的妻子將那批柳橙做成了果醬。這道極其美味的柑橘果醬，如今受到全英國人的喜愛。這便是柑橘果醬誕生的故事。

把橙皮加入麵糊，烤成的水果蛋糕就被稱為丹第蛋糕，名稱加上丹第這地名，正代表著橙皮與柑橘果醬的重要性。丹第蛋糕在十九世紀後走紅，如今就連超市也有販售，成為四季都吃得到的糕點。

Dundee cake

丹第蛋糕

這款蛋糕塞了大量的葡萄乾、橙皮等果乾，扎實厚重。表面呈放射狀排列的杏仁令人印象深刻。因為耐放，近來也長銷至海外。

❖ **材料**　直徑 12cm 圓形模　1 個

無鹽奶油……60g
黑糖……60g
蛋……1 顆

A
| 低筋麵粉……50g
| 杏仁粉……50g
| 鹽……¼ 小匙

B
| 醋栗……40g
| 葡萄乾……80g
| 糖漬櫻桃……40g
| 橙皮……70g
　→可用橙皮較多的柑橘果醬代替。

威士忌……1 大匙

去皮杏仁（完整顆粒）……約 20 個

＊若正好沒有去皮杏仁，可取一小鍋煮滾水，

放入帶皮杏仁煮
2 分鐘左右，撈
起後泡冷水剝
皮，放在網架上
晾乾。

❖ **前置作業**

• 奶油置於室溫下回軟。
• 將 B 拌合倒入調理碗，淋上威士忌。
• 蛋退冰至室溫，打成蛋液。
• 烤模鋪入白報紙。
• 烤箱預熱至 190℃。

英倫餐桌報告

丹第港與丹第蛋糕

1　停泊在丹第港別具風情的船隻，可進入船艙參觀。
2　兼賣麵包與點心的「糕餅鋪（pastry shop）」在英國很常見。丹第蛋糕有許多不
　同尺寸，從直徑 5cm 的一人份到直徑 23cm 左右的 5～6 人份都有。

❖ 作法

1 奶油倒入調理碗，用木匙拌至柔滑狀，再把黑糖分3次加入，每次加的時候都要混拌。

2 蛋液也是分3次加入，每次加的時候都要混拌。

3 將A篩入碗內拌合。

4 接著加進B，用木匙拌合。

5 麵糊倒入蛋糕模，中心部分用湯匙等稍微壓凹。

6 將去皮杏仁以放射狀排列於表面。

7 烤箱溫度調低至180℃，烤30分鐘，再以170℃烤20～25分鐘。過程中如果發現表面變成金黃色，蓋上鋁箔紙避免烤得太深。以竹籤插入蛋糕，若沒有沾黏即完成。

Potato Pancakes

馬鈴薯煎餅

馬鈴薯在十六世紀左右傳入英國後，因其在寒冷的環境及貧瘠的土地上也能種植，於是被廣泛栽培。其耐久放，對遠洋航海的人來說是不可或缺的食物。馬鈴薯的栽種與食用在愛爾蘭及蘇格蘭都相當盛行，是與燕麥一樣重要的作物。像馬鈴薯煎餅這種吃了很有飽足感的點心，也被當作日常餐食的一部分。非常推薦搭配蔬菜或培根、蛋料理一起當成早餐享用。

❖ **材料**　直徑7cm　10塊

馬鈴薯（中型）……1個（約100g）

A
| 低筋麵粉……35g
| 泡打粉……½小匙
| 黃芥末粉（p.47）……¼小匙

蛋……1顆
牛奶……60ml
無鹽奶油……適量

保存方式
　完成後盡快食用。吃不完的話，放入密封容器，常溫保存1天。

❖ **前置作業**

• 蛋退冰至室溫，打成蛋液。

❖ **作法**

備料
1 馬鈴薯去皮後水煮，放入調理碗內用擀麵棍壓爛，放涼至常溫。

組合
2 將A拌合，篩入另一個調理碗。

3 再取一碗，倒入蛋液與牛奶拌合，加進**1**和**2**，用木匙混拌。

4 平底鍋放奶油加熱，舀入**3**的麵糊，壓成直徑7cm的圓片，以中火煎烤兩面。

煎烤
5 起鍋盛盤，擺上炒蛋或煎培根、烤番茄等一起享用。

Cranachan

威士忌覆盆莓黃金燕麥

蘇格蘭夏季的傳統甜點，特殊場合中經常出現它的身影。有一說，在婚禮時將戒指藏入其中，吃到戒指的人就是下一個結婚的人。以前稱為奶油麥片（cream crowdie），用的是蘇格蘭起司，現在多改用鮮奶油。還有人說一開始這道點心用的是大燕麥片做成的麥片粥為底，再將乾炒過酥脆的大燕麥片混入，最後淋上威士忌，享受其風味。

在蘇格蘭，普遍使用石楠蜜與帶有石楠花香氣的蘇格蘭威士忌製作。現在已是全年都可食用的甜點囉！

❖ **材料** 　直徑 180ml 的玻璃杯　4 個

大燕麥片……70g
鮮奶油……300ml
細砂糖……25g
蜂蜜……4大匙
蘇格蘭威士忌……2大匙
覆盆莓……200g

保存方式
完成後盡快食用。吃不完的話，用保鮮膜包好，冷藏保存1天。

❖ **作法**

[備料]

1 大燕麥片倒入平底鍋，以大火乾炒2～3分鐘，小心別炒焦。

[組合]

2 將鮮奶油與細砂糖拌合，用打蛋器打至6分發的狀態。

3 蜂蜜倒入小鍋，以中火加熱1～2分鐘，再加威士忌，用木匙混拌後，關火放涼。

4 把**3**加進**2**裡，用木匙輕輕攪拌。可保留些許的**3**當作配料。

[裝飾]

5 將**4**的奶油與覆盆莓、**1**的大燕麥片舀入玻璃杯中交疊。最後放入覆盆莓做裝飾，撒上**1**的大燕麥片，依個人喜好淋上**3**。

春 Spring

Easter Simnel Cake 全英
復活節蛋糕

分量扎實的水果蛋糕，以杏仁膏華麗裝飾

據說「復活節蛋糕（Easter Simnel Cake）」是在亨利七世的都鐸王朝時代，由皇室廚師蘭伯特希蒙（Lambert Simnel）發明，因此蛋糕名稱冠上了他的姓氏。後來皇室每到復活節就會製作這款蛋糕，也因此流傳至今。

蛋糕上裝飾著 11 顆蛋形小球，代表耶穌基督的 12 門徒。缺席的那一顆，正是因背叛了耶穌而被除名的加略人猶大（Judas Iscariot）。有些復活節蛋糕會把用杏仁膏做的大球放在中央，那顆球正象徵著耶穌基督。另外，這個時期也適逢英國的母親節（Mothering Sunday），在異鄉工作的女兒一年一度返鄉過節，當然也要展現手藝做這款蛋糕獻給母親。

說起英國的三月就令人想起象徵冬去春來的水仙、復活節彩蛋與小雞。因此這款蛋糕的代表色也是黃色喔！

❖材料 直徑12cm圓形模 1個

杏仁膏的材料

蛋......................½ 顆
杏仁精..................½ 小匙
蘭姆酒..................1 小匙
杏仁粉..................110g
糖粉....................110g
食用色素（黃色）.......少許

水果蛋糕的材料

小蘇打..................¼ 小匙
水......................1 小匙
無鹽奶油................80g
黑糖（或用三溫糖代替）
........................40g
細砂糖..................20g
蛋 80g
金黃糖漿（p.117）.... 1 大匙
香草油..................5～6 滴
杏桃果醬................適量
蛋（增加表面色澤用）.. 1 顆

	低筋麵粉	25g
	高筋麵粉	40g
	杏仁粉	25g
A	泡打粉	½ 小匙
	綜合香料（p.154）	1 小匙
	肉豆蔻	¼ 小匙
	葡萄乾	120g
	醋栗乾	30g
B	橙皮	35g
	核桃	30g
	檸檬皮（磨碎）	1 個的量
蘭姆酒		1 大匙

❖ 前置作業

- 奶油置於室溫下回軟。
- 蛋退冰至室溫,打成蛋液。
- 烤模鋪入白報紙。
- 烤箱預熱至180℃。
- 將B拌合,倒入調理碗,淋上蘭姆酒。

❖ 作法

製作杏仁膏

1　把蛋打進調理碗裡打散,加入杏仁精與蘭姆酒快速混拌。

2　杏仁粉與糖粉混合後過篩,加進1裡,用木匙拌勻。再少量地加入黃色色素,用木匙拌至無顆粒狀態,包上保鮮膜,放進冰箱冷藏30分鐘。

3　取出杏仁膏團,用擀麵棍壓成3～5mm厚,再以直徑10cm的圓形模壓成2塊。剩下的杏仁膏團用手搓成11顆直徑1.5cm的小球。

製作水果蛋糕

1　小蘇打加水拌勻。

2　將A拌合,過篩備用。

3　奶油倒入調理碗,用手提式電動攪拌器打至柔滑狀。

4　黑糖與細砂糖拌合,分3次加入,每加一次都要用攪拌器刮底攪拌。

5　少量地加蛋液,用攪拌器拌合,再加金黃糖漿和香草油,同樣以攪拌器拌合。

6　接著加1,用木匙稍微混拌。

7　挖2匙左右的2,倒入B的調理碗,用木匙翻拌(使果乾不易沉積底部,可均勻分布在麵糊裡)。

8　把剩下的2加進6的麵糊裡,用木匙稍微拌合。

9　再加7,用木匙混拌至呈光澤感。

保存方式
　放入密封容器,常溫保存1週,第3天是最佳品嚐時機。

10　先將一半的麵糊倒入烤模,鋪放1片壓好的杏仁膏,再倒入剩下的麵糊,用木匙壓凹中心。

11　烤箱溫度調低至170℃,烤40分鐘,接著蓋上鋁箔紙,再以160℃烤10～20分鐘。用竹籤插入蛋糕,若無沾黏即完成。

12　脫模後放涼,上下翻轉,置於網架上冷卻。如果上面較膨,用刀子削切整形,再上下倒置、放冷。

13　將蛋糕恢復原狀,在表面均勻刷塗杏桃果醬。

14　蓋上另1塊杏仁膏,用手指按捏邊緣做造型,再擺上11顆小球。

15　杏仁膏上刷一層薄薄的蛋液(增加表面色澤),蛋糕側面圍上鋁箔紙,以200℃烤2～3分鐘。

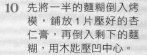

North England

第2章　英格蘭北部的點心

太妃糖布丁　　　　　　　P34

約克郡肥油流氓　　　　　P36

約克郡凝乳塔　　　　　　P38

果醬蛋糕卷　　　　　　　P39

麥片薑汁鬆糕　　　　　　P42

起司司康　　　　　　　　P46

埃克爾斯館餅　　　　　　P48

果乾蒸布丁　　　　　　　P52

糖蜜館塔　　　　　　　　P53

點心的特徵

英格蘭北部有哈羅蓋特
（Harrogate）等著名的觀光休閒
地，也因此發展出種類豐富、歷
史悠久的飲食文化。除了用優質
乳製品做成的約克郡凝乳塔，還
有目不暇給的各種布丁喔！加入
椰棗的太妃糖布丁就是超受歡迎
的口味之一。許多此區特有的傳
統糕點，現在都成了超市自有品
牌的常見商品，路經此處時可別
忘了到超市挖寶。

得天獨厚的地理條件，生氣蓬勃的酪農業
造就多姿多彩的點心文化

英格蘭北部擁有全英最美的風景，比如羅馬時代相當繁榮的歷史古城切斯特（Chester）、有國家公園坐落的約克郡，都仍保有往昔的美麗景致，而自然資源豐富的土地也孕育出高品質的起司與豬肉等畜牧業產品，像是大家都聽過的優質起司：柴郡起司、蘭開夏郡起司、約克郡起司等，使用這些知名起司製成的起司司康、起司凝乳塔，皆成為英國家庭代代相傳的私房美味。

西北端的湖區（Lake District）景色壯麗，有高聳山群與冰河時代形成的深湖，以及英格蘭少見的湍流河川。此外，兒童文學始祖碧雅翠絲‧波特創造出《彼得兔》的尼爾蘇里村（Near Sawrey）、浪漫主義時期的詩人華茲華斯曾住過的格拉斯米爾湖（Grasmere）鄰近的鴿舍（Dove Cottage），也都在這一帶，可謂是英格蘭北部的觀光重地。

説起此處的點心，首先想分享給大家的就是格拉斯米爾薑餅，這種知名的烤盤點心有著簡單樸素的鄉村味，口感類似烤餅（flapjack，燕麥或堅果加金黃糖漿烤成的餅乾）。另一經典是肯德爾薄荷糖餅（Kendal mint cake），這款形似砂糖結晶般的點心，來自湖區之南、位於登山口的肯德爾鎮。原先想做成薄荷糖卻失敗的這款點心，最後製成乳白色的棒狀硬糖，可掰碎後少量食用。由於方便攜帶且耐放，熱量也高，成為登山者的必備食品。像這類因應當地風土而誕生的點心，早已和當地人的生活密不可分。

在英國，許多點心的名稱會直接冠上地名，像是位於此區的埃克爾斯（Eccles）特產——「埃克爾斯餡餅」（Eccles cake），就是一種將醋栗包入輕盈的千層酥皮內一起烤的點心。與其相似的喬利餡餅（Chorley cake，用鬆脆酥皮〔p.73〕包入醋栗烤成的點心）也是直接冠上喬利鎮（Chorley）鎮名。以小鎮命名的點心遍及全國，也是英國特殊而有趣的現象喔！

Sticky Toffee Pudding

太妃糖布丁

源自湖區南方卡特梅爾鎮（Cartmel）的地方點心，是英國茶屋必備的基本款布丁。布丁內放入大量椰棗一起烤，香味濃郁，與焦糖色的太妃糖醬是絕配。加熱後的布丁請淋上滿～滿～熱呼呼的太妃糖醬，光是香氣就讓人食指大動，若再加上發泡鮮奶油或凝脂奶油更是完美！有些店家則會放上一球香草冰淇淋，讓口感層次更加豐富！

❖ **材料**　15cm 方形模　1個

椰棗（切滾刀塊）……100g

水……170ml

金黃糖漿（p.117）……1½小匙

小蘇打……²⁄₃小匙

無鹽奶油……50g

三溫糖……80g

蛋……1½顆（75g）

低筋麵粉……130g

泡打粉……²⁄₃小匙

太妃糖醬（作法請參照右頁）……180g

❖ **前置作業**

• 奶油置於室溫下回軟。
• 蛋退冰至室溫，打成蛋液。
• 烤模鋪入白報紙。
• 烤箱預熱至190℃。
• 製作太妃糖醬。

> **保存方式**
> 　放入密封容器，常溫可保存
> 3天。

❖ **作法**

備料

1　鍋中放入椰棗塊與水，以中火加熱，煮滾後拌煮1分鐘。

2　鍋子離火，加入金黃糖漿。再加小蘇打，用木匙輕輕混拌，放冷備用。

3　奶油倒入調理碗內，用木匙拌至柔滑狀，加進三溫糖，仔細刮底攪拌。

4　少量地加入蛋液，充分拌勻。

5　低筋麵粉與泡打粉混合後，過篩備用。

組合

6　把一半的 **2** 加進 **4** 裡，用木匙輕輕混拌，再加一半的 **5**，用木匙拌合，拌的時候像在寫日文的「の」字。

7　加入剩下的 **2** 和 **5**，以相同方式拌合。

8　將 **7** 倒入方形模內。

烤焙 9 烤箱溫度調低至180℃，烤25～30分鐘。

10 烤好後放涼、脫模，切成適合入口的大小，淋上太

妃糖醬。

太妃糖醬

英國人最愛的焦糖色甜醬。
使用手邊的材料就能輕鬆製作。

❖ **材料** 15cm 方形模 1 個（180g）

黑糖……60g

無鹽奶油……60g

鮮奶油（乳脂肪含量35%以上）……90ml

❖ **前置作業**

• 奶油置於室溫下回軟。

❖ **作法**

1 鍋中倒入黑糖與奶油，以中火加熱，用木匙攪拌至
溶解。

2 煮溶後關火，少量加入鮮奶油混拌。

3 趁熱淋在布丁上享用。

35

Yorkshire Fat Rascal

約克郡肥油流氓

Fat Rascal 意即「搗蛋的胖子」。把櫻桃、杏仁切碎後混入麵團烤焙即成的簡單小點心，現以人臉造型廣為人知。這款淘氣甜點的發明者是約克郡哈羅蓋特鎮（Harrogate）的老茶屋「貝蒂茶屋（Bettys Cafe Tea Room）」，他們將肥油流氓做成臉的造型後大受顧客歡迎，而廣為流傳至今，並在2008年完成商標註冊。

這道烤焙點心口感酥鬆，類似康瓦爾岩石餅（p.121），櫻桃的酸甜與杏仁香氣使人愛不釋口。在歷史悠久的約克郡上，隨意走入一間鎮上的小麵包店，都能遇見古早味的肥油流氓。

❖ 材料　直徑 6～7cm　10 個

　　　　低筋麵粉……150g
　　　　泡打粉……½ 大匙
　A　　肉桂粉……¼ 小匙
　　　　肉豆蔻粉……¼ 小匙
　　　　細砂糖……¼ 小匙

檸檬皮（磨碎）……½ 個的量
柳橙皮（磨碎）……½ 個的量
無鹽奶油……60g

　　　　葡萄乾……50g
　B　　醋栗乾……30g
　　　　去皮杏仁（大略切碎）……25g
　　　　糖漬櫻桃（大略切碎）……25g

蛋……1 顆
鮮奶油（乳脂肪含量40%以上）……25ml
手粉（高筋麵粉）……適量

❖ 前置作業

- 奶油切成 2cm 左右的骰子狀，放進冰箱冷藏備用。
- 蛋退冰至室溫，打成蛋液。
- 烤盤鋪上烤盤布。
- 烤箱預熱至 190℃。

保存方式
　　放入密封容器，常溫保存3天。

❖ 作法

備料

1　將 A 拌合後，篩入調理碗，加入磨碎的檸檬皮與檸檬汁。
2　再加奶油，用刮板切拌。最後用手搓拌成鬆散的細沙狀。

組合

3　加進 B，用木匙大略混拌。
4　另取一碗，倒入蛋液與鮮奶油，用打蛋器輕拌，倒入 3 裡，用木匙混拌。

烤焙

5　把麵團放在撒了手粉的平台上，整形成6～7cm的圓球狀後放入烤盤，烤箱溫度調低至180℃，烤20～25分鐘。

作法→p.40

Yorkshire Curd Tart

約克郡凝乳塔

約克郡的傳統點心。這道甜點是以甜度低的鬆脆酥皮（p.73）為底，倒入凝乳與醋栗的填餡烤製而成。約克郡擁有遼闊的優質牧草地，牛羊放牧業興盛，乳製品產量豐富。此處生產的凝乳是在生乳中添加乳酸菌凝固而成，從中取出新鮮起司後，剩餘的低脂凝乳便是「農家起司（farmer's cheese）」──約克郡凝乳塔就是使用這種風味獨特的起司。在日本，則會以脫脂乳製成的茅屋起司（cottage cheese）代替。這道出色的地方點心廣受歡迎，自古流傳至今。

作法→p.41

Steamed Jam Roly Poly

果醬蛋糕卷

比頓夫人的《家務管理》（*The Book of Household Management*）與碧雅翠絲．波特的《彼得兔的故事》（*The Tale of Peter Rabbit*）中都曾提及這道古早味滿滿的英國點心唷！這款蛋糕卷在 1960 年代還是學校的營養午餐甜點，對英國人來說可是令人懷念無比的童年滋味吶！

在英國使用牛板油（suet）製作，日本則以奶油代替，因此成品的口感較軟。食譜古書使用「布丁布」包起來蒸，現代的作法則更簡單，用鋁箔紙包起來放進烤箱烤，或是直接隔水蒸煮都很方便！本書為大家示範的是最簡單且美味的隔水蒸烤法。完成後請搭配卡士達奶油，趁熱享用香甜好滋味！

Yorkshire Curd Tart
約克郡凝乳塔

❖ **材料**　直徑 18cm 的派盤　1 個

鬆脆酥皮（p.73）……1塊（250g）

A│茅屋起司……100g
 │奶油起司……100g

細砂糖……50g
蛋……30g

B│玫瑰水……¼小匙
 │（有的話可加。請參照下文說明）
 │檸檬皮（磨碎）……½個的量
 │檸檬汁……1小匙
 │綜合香料（p.154）……¼小匙
 │醋栗……10g

❖ **前置作業**

• 製作鬆脆酥皮，烤好備用。
• 蛋退冰至室溫，打成蛋液。
• 烤箱預熱至190℃。

❖ **作法**

備料
1 將A混合、過濾。加細砂糖，用木匙仔細混拌。

組合
2 再加蛋液刮底攪拌，依序加入B，每加一項都要攪拌。

3 拌至柔滑狀，倒入事先烤好的酥皮塔殼。

烤焙
4 烤箱溫度調低至180℃，烤15～20分鐘，烤到表面呈現金黃色即完成。

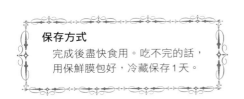

保存方式
完成後盡快食用。吃不完的話，
用保鮮膜包好，冷藏保存1天。

玫瑰水
用玫瑰花瓣製成的蒸餾水。
萃取玫瑰精油的過程中產生的副產物。製作點心時可添加。

Steamed Jam Roly Poly

果醬蛋糕卷

❖ **材料**　直徑 24×5cm 的橢圓形　1 條

A
| 低筋麵粉……150g
| 泡打粉……½ 小匙
| 鹽……1 小撮
| 細砂糖……25g

無鹽奶油……60g
牛奶……4 大匙
手粉（高筋麵粉）……適量
草莓果醬……100g
卡士達醬（p.159）……適量

❖ **前置作業**

- 奶油切成 2cm 左右的骰子狀，放進冰箱冷藏備用。
- 烤箱預熱至 190℃。
- 準備 1 張約 20×35cm 的鋁箔紙。

保存方式
完成後盡快食用。吃不完的話，用保鮮膜等包好，常溫保存 1 天。

❖ **作法**

備料
1 將 A 拌合後，篩入調理碗。加入奶油，用刮板切拌成鬆散的細沙狀。

2 再加牛奶，用手揉拌成團。

3 把麵團放在撒了手粉的平台上，用擀麵棍壓成厚約 5mm 的長方形（約 20×24cm）。

組合
4 在 **3** 的邊端預留 3cm 不塗草莓果醬，其餘全部塗滿。

5 把麵團的長邊（約 24cm）從靠近自己的這一側捲起，捲到底後，用手捏合。兩端略為壓折，避免果醬流出，用手塑形。

6 將麵團放到鋁箔紙上，因蒸烤過程中，麵團會膨脹。記得麵團與鋁箔紙之間保留些許空隙，不要包太緊。

蒸炊
7 烤盤內放入網架，擺上包著鋁箔紙的麵團，烤盤內倒滿熱水。

8 烤箱溫度調低至 180℃，蒸烤 30 分鐘。

9 蒸好後置於網架上放涼，拆掉鋁箔紙，切成 2cm 左右的厚度，淋上卡士達醬一起吃。

＊如果變冷了，1 塊蛋糕用微波爐（600W）加熱約 1 分鐘即可。

作法→p.44

Parkin

麥片薑汁鬆糕

這道來自英格蘭北部里茲市（Leeds）的烤焙點心，色澤深濃，味甜又扎實，相當有分量唷！這款鬆糕捨棄高價貴重的砂糖，採用當時最受歡迎的甜味料黑蔗糖漿與金黃糖漿，再加大燕麥片烤製而成。因易保存又有飽足感，所以廣受勞動階級喜愛。現已成為「蓋伊‧福克斯日」（Guy Fawkes Day，煙火節〔Bonfire Night〕，每年11月5日）必吃的知名節慶點心。里茲市甚至把這天命名為「麥片薑汁鬆糕日」。

 英倫餐桌報告

蓋伊‧福克斯日（Guy Fawkes Day）

「蓋伊‧福克斯日」訂於每年十一月五日，這天英國各地都會施放煙火來紀念蓋伊‧福克斯這位因密謀炸死國王而被處以死刑的反抗者。1605年，在那個支持英格蘭國教會的時代，天主教徒備受壓迫，於是有一票人打算在議會的地下室裝設大量炸藥，炸死十一月五日參加上議院開院典禮的國王詹姆斯一世。但這個計謀走漏風聲，最終無法實行宣告失敗。當時的主謀就是蓋伊‧福克斯，他被逮捕後隨即宣判死刑。至今，蓋伊‧福克斯仍被視為反叛者的代表，駭客組織「匿名者」等都以他的臉作為象徵。隨著蓋伊‧福克斯日的接近，英國各處會開始販賣煙火，還會用木材等物，在廣場上搭起像日本「歲德燒火祭」（祭祀年神的祭典）的篝火架。當天，人們會把點了火的蓋伊‧福克斯人偶扔進火堆焚燒，祈求國家和平。英國的大型煙火大會也是在這段期間舉辦，不過想要入場還需另外付費。可能是因為英國夏季到了晚上十點天色還很明亮，根本看不到煙火，直到十一月的寒冷冬夜，終於能欣賞到簡單的煙火，還能享受現場的音樂，對英國人來說也是種奢侈的享受。這麼一想，比起日本夏日祭典上細膩華麗且技術高超的煙火，英國的煙火節反而別有一番風情呢！

Parkin
麥片薑汁鬆糕

大量使用金黃糖漿的濃郁糕點。燕麥的口感與蛋糕的香甜滋味是絕妙的組合！參加百樂餐會（與會者需自備一道料理的聚會）或是當作伴手禮皆宜，是各種場合都能派上用場的家常點心。

❖ 材料　18×7×高6cm 的磅蛋糕模　1個

A	無鹽奶油……25g
	金黃糖漿……55g
	（或黑糖蜜＜p.117＞）
	→也可用黑糖漿或糖蜜（molasses，製糖時的副產物）代替。

B	低筋麵粉……110g
	三溫糖……55g
	小蘇打……½小匙
	綜合香料（p.154）……1小匙
	薑粉……1小匙
	肉豆蔻……½小匙
	（整顆削，或是使用粉末＜p.154＞）

蛋……½顆
牛奶……100ml
燕麥片……20g

❖ 前置作業

- 奶油置於室溫下回軟。
- 蛋退冰至室溫，打成蛋液。
- 磅蛋糕模鋪入烤盤紙。
- 烤箱預熱至170℃。

保存方式
　放入密封容器，常溫保存5天。
第3天是最佳品嚐時機。

❖ 作法

1 A倒入鍋中，以中火加熱至快煮滾。

2 將B混合，篩入調理碗。

3 另取一碗，倒入蛋液與牛奶，加進**2**及燕麥片，用木匙混拌。

4 把**3**倒入**1**裡，用木匙混拌。

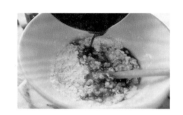

5 麵糊倒入烤模，烤箱溫度調低至160℃，烤35分鐘即完成。

 英倫餐桌報告

骨董級測量器具～秤

具有存在感的古秤，至今仍活躍於英國人的生活中。英國的老奶奶做點心或料理時總會用這種秤備料。一般店家的陳列擺設也能見到，在英國家庭中是頗受重用的古老器具。

作法→p.50

Cheese Scones

起司司康

在氣候穩定、擁有廣大丘陵地的英格蘭北部，放牧業盛行，此地長久都是生產優質乳製品的地區。北部最有名的起司就是「文斯勒德起司」（Wensleydale cheese，產於約克郡，口感絲滑又綿密）。其源起據説是1156年，修道院在此處成立教會，教導居民製作起司，並推廣酪農法與食品的製造方法。於是，起司融入了當地人的生活，如司康的經典口味——起司司康便是誕生於此。以黃芥末粉提味，輕鬆便可烤製完成，食用時搭配甜酸醬（chutney，用蘋果或洋蔥等製成）最棒了！

英國好味道
牛頭牌（Colman's）黃芥末粉

據説，早期英國人將黃芥末粉視為藥物，會把黃芥末粉加入熱水拿來泡腳並暖和身體。黃芥末（Mustard）的語源是拉丁語的 Must（火柴）與 Ardens（燃燒）。1814年，高文（Jeremiah Colman）創立了芥末醬工廠，1855年以醒目的黃色包裝與牛頭插畫取得商標，是歷史悠久的老工廠。1866年時榮獲維多利亞女王的皇家認證（Royal Warrant of Appointment），成為英國的代表性食材之一。現在專門生產芥末醬及芥末粉，是英國料理和點心中不可或缺的食材。若在台灣買不到該品牌，也可用其他的黃芥末粉代替。

作法→p.51

Eccles Cake

埃克爾斯餡餅

源自曼徹斯特（Manchester）西部埃克爾斯鎮的點心，又名「蒼蠅墳場蛋糕」（Fly's Graveyard Cake），正是因為內餡的醋栗看起來像蒼蠅而得名。1793年首次販售埃克爾斯餡餅後，就在英國成為名人的詹姆斯·畢爾屈（Mr.James Birch）至今仍受到讚揚。

喬利（Chorley）鎮的喬利餡餅（Chorley cake）同樣也使用醋栗內餡，兩者外型神似。喬利鎮位於北部蘭開夏郡，離埃克爾斯僅30多公里，相鄰的兩地竟存在著如此相似的點心，相當有趣。兩者主要的差異在於埃克爾斯餡餅是用千層酥皮包裹醋栗，喬利餡餅則是在鬆脆酥皮（p.73）上撒滿醋栗，再折疊成層烘烤而成。埃克爾斯餡餅的特徵就是表面的三道切痕，透過切痕可以看到裡頭滿滿的醋栗。有人認為這象徵了基督教三位一體的概念，也有人說只是為了排出裡面的空氣……。

英倫餐桌報告

高居人氣寶座的美味布丁

在科茨沃爾德（Cotswolds）三道豪斯飯店（Three Ways House Hotel）的布丁俱樂部每週五都會舉辦品嚐七種布丁的例會。除了英國各地愛好者，還有遠從外國慕名而來的人。比頓夫人的《家務管理》（*The Book of Household Management*）一書中就有布丁的專文介紹，數量竟多達一百四十六種！布丁的定義隨著時代演進，已從家常甜點延伸至特色料理（見p.68），想了解英國的飲食文化，絕對不能漏掉布丁的重要性。

摘錄自比頓夫人的《家務管理》，書中有146道美味布丁的說明。

Cheese Scones
起司司康

❖ **材料**　18×7×高6cm 的磅蛋糕模　1個

A ｜低筋麵粉……200g
　｜泡打粉……1大匙
　｜鹽……½小匙

無鹽奶油……50g
起司絲（焗烤用）……50g
黃芥末粉（p.47）……1小匙
→也可用芥末粉代替。
牛奶……140ml
手粉（高筋麵粉）……適量

❖ **前置作業**

- 奶油切成2cm左右的骰子狀，
  放進冰箱冷藏備用。
- 烤盤鋪上烤盤布。
- 烤箱預熱至200℃。

保存方式
　完成後盡快食用。吃不完的話，
　放入密封容器，常溫保存3天。

❖ **作法**

備料

1 將A拌合後，篩入調理碗。

2 放入奶油，用刮板切拌成鬆散的
　　細沙狀。

3 用手確認有無殘留較大塊的奶油。

4 另取一碗，倒入起司絲與黃芥末
　　粉拌合。

組合

5 把 **4** 加進 **3** 裡，用木匙輕輕混
　　拌，再加牛奶大略拌成團。依麵
　　團的狀態調整牛奶的量。

6 把麵團放在撒了手粉的平台上，
　　不要搓揉，以折疊的方式折4～5
　　次，用擀麵棍壓成2.5～3cm的厚
　　度。

7 用沾了手粉的菊型壓模壓麵團，
　　放入烤盤。

8 表面擺上一小撮裝飾用的起司絲
　　（材料分量外）。

烤焙

9 放入烤盤，烤箱溫度調低至190℃，
　　烤10～15分鐘。

Eccles Cake

埃克爾斯餡餅

❖ 材料　直徑 5cm　6 個

冷凍派皮⋯⋯ 10cm 見方 ×6 塊
無鹽奶油⋯⋯ 30g
三溫糖⋯⋯ 50g
醋栗⋯⋯ 85g
橙皮⋯⋯ 25g
綜合香料（p.154）⋯⋯ ½ 小匙
手粉（高筋麵粉）⋯⋯ 適量
蛋白⋯⋯ 1 顆的量
細砂糖⋯⋯ 20g

❖ 前置作業

- 奶油置於室溫下回軟。
- 烤盤鋪上烤盤布。
- 烤箱預熱至 210℃。

保存方式
放入密封容器，常溫保存 3 天。

❖ 作法

備料 1 奶油倒入調理碗內，用木匙拌至柔滑狀。

2 接著加三溫糖刮底攪拌，再加醋栗、橙皮、綜合香料混拌，做成填餡(a)。

3 冷凍派皮置於室溫下約 5 分鐘，邊撒手粉邊切成 10cm 的方型，用擀麵棍輕輕壓開。用沾了手粉的圓形壓模（直徑 12cm）壓切。

組合 4 從 2 的填餡取 30g 左右放在派皮中央(b)，拉起邊緣往中心折疊，塑整形狀(c)。其餘 5 個也是相同作法。

5 將 4 的收口朝下，放入烤盤，用沾了手粉的刀在表面劃下 3 道切痕(d)。

烤焙 6 表面刷塗蛋白，撒上細砂糖(e)。烤箱溫度調低至 200℃，烤 13～16 分鐘。

作法→p.54

Spotted Dick

果乾蒸布丁

被稱為「懷舊布丁」的這款點心誕生於十九世紀左右。以前經常出現在學校的營養午餐，可惜近來越來越少見了，有些英國人甚至說「偶爾看到總會莫名的感傷」。

因為使用牛板油，粉料的分量也多，所以口感很扎實。麵糊上滿滿的醋栗看起來像是斑點（spot），加上傳統作法不用布丁缽（pudding basin，陶製布丁模），是用布丁布包裹麵團成條狀蒸烤而成，故有這個名稱。蒸好後，請趁熱淋上卡士達醬，然後大口咬下！

作法→p.55

Treacle Tart

糖蜜餡塔

糖蜜（treacle）這個詞源自希臘語的解毒劑（theriake），將不易入口的藥物調入有甜味的東西而誕生的這個詞彙，後來延伸成製作砂糖時產生的副產物糖漿（像是書中常用的黑蔗糖漿與金黃糖漿）。

若手邊有吃不完的麵包，正好可以用來做這道甜點喔！先把變乾的麵包磨成粉，拌合金黃糖漿、檸檬汁後，再倒入鬆脆酥皮的塔殼烤製而成。這種絕不浪費食材的作法，相當符合英國人節儉惜物的個性呢！

Spotted Dick
果乾蒸布丁

❖ **材料** 寬 5cm × 長 13cm　1 條

A｜
低筋麵粉……100g
泡打粉……1 小匙
細砂糖……25g

無鹽奶油……40g
醋栗……70g
柳橙皮（磨碎）……1 小匙
卡士達醬（p.159）……適量

❖ **前置作業**

- 奶油切成 2cm 左右的骰子狀，放進冰箱冷藏備用。
- 準備約 20×25cm 的烤盤紙及鋁箔紙各 1 張。

保存方式
完成後請盡快食用。吃不完的話，放入密封容器，常溫可保存 3 天。

❖ **作法**

備料

1　在蒸鍋裡倒熱水（材料分量外），以小火加熱保溫。

2　將 A 拌合後，篩入調理碗。加入奶油，用刮板切拌成鬆散的細沙狀。

3　用手確認有無殘留較大塊的奶油。

組合

4　再加醋栗與磨碎的橙皮，用木匙輕輕混拌。

5　把麵團塑成寬 4cm × 長 12cm 的棒狀，放在烤盤紙上（a），麵團與烤盤紙之間保留些許空間，不要包太緊（b）。外層包上鋁箔紙（c），同樣保留些許空間，別包太緊。鍋中放入蒸架，加進剛好蓋過網架高度的熱水，包好的麵團擺在蒸架上。

蒸炊

6　轉小火蒸 1 小時。

7　取出麵團，拆掉鋁箔紙及烤盤紙。切成 2cm 左右的厚度，趁熱淋上卡士達醬享用。

Treacle Tart
糖蜜餡塔

❖ **材料** 直徑18cm的派盤 1個

鬆脆酥皮（p.73）……1塊（250g）
金黃糖漿……180g
（p.117）→也可用黑糖蜜代替。
麵包粉……40g
檸檬皮（磨碎）……1個的量
檸檬汁……1小匙

❖ **前置作業**

- 製作鬆脆酥皮，烤好備用。
- 烤箱預熱至190℃。

保存方式
完成後盡快食用。吃不完的話，
放入密封容器，常溫可保存3天。

❖ **作法**

備料

1 鍋中倒入金黃糖漿，以小火加熱煮溶。

組合

2 加進麵包粉、檸檬皮、檸檬汁混拌，做成填餡。

3 把**2**倒入烤好的鬆脆酥皮塔殼。

烤焙

4 烤箱溫度調低至180℃，烤10～15分鐘。

5 烤到表面呈現金黃色即完成。

British Tea Time
英式下午茶

**種類豐富的點心
三層架**

根據場合選用,營造愉快
飲茶氣氛的最佳配角!有
銀、木頭、瓷器等不同材
質,設計也很多變。請配
合當天的心情選擇喜歡的
三層架,來一場美好的下
午茶約會吧!

〜英國人與紅茶〜

英國人的日常生活必備物之一,就是紅
茶。紅茶深刻影響了英國的歷史與各領域
的文化,可不只是日常飲品。多數英國人
一天喝五、六杯紅茶都是稀鬆平常的事,
不光是大人,年輕人也一樣。學校每天早
上十一點會提供加了大量牛奶的紅茶與餅
乾,天天可以吃到不同口味的餅乾,有時
是奶油酥餅。到了下午茶時間,就改為搭

配司康。這是英國人重要的放鬆時刻,他
們就是這麼愛紅茶!

儘管喝下午茶的方式比以前簡單許多,但
無論是在家庭、職場、學校、茶屋等任何
場合,沒來上一杯紅茶,英國人就會渾身
不對勁。

～英式下午茶的一段歷史～

十九世紀中期，約 1840 年左右，安娜貝德芙公爵夫人（Mrs. Ann Bedford）每天下午四點時，都會在自己的房間享用放在托盤上的茶飲與簡單的麵包配奶油。當時的晚餐通常是欣賞完歌劇或完成狩獵後的晚上九點才吃，貝德芙夫人在漫長的等待期間為了止飢，常獨自在房內享用茶點。後來，她開始邀請友人共享，這便是下午茶的起源。

到了十九世紀下半葉，上流社會的女性開始流行喝下午茶，於是蛋糕架或陶瓷器、銀器等下午茶專用的器具跟著出現，場所也從私人寢室移往休息室（drawing room）等公用空間。最後在二十世紀初，變成目前飯店供應的下午茶，讓更多人得以享用英國正統的下午茶。至今，英國人家中還是會進行正式的下午茶敘，在紀念日等特殊節日邀請親友同樂。

How to enjoy Afternoon Tea

開始享用下午茶吧！

接下來，就為大家介紹倫敦飯店或郊區的莊園大宅等正式場合中，正統下午茶的品項與飲茶規則。

～飲茶方式～

由而上，依序品嚐。吃完三明治，常會被問到「要不要再來一盤？」，但一想到還有司康及其他點心，總是感到很猶豫，而且也常不知不覺喝下很多的紅茶呢！桌上有裝了滾水的保溫壺，茶葉會連壺一起更換，想隨時喝到溫熱的茶，請直接告知店員，千萬不要覺得不好意思。假如點心架的食物吃不完，可以詢問是否能外帶，有愈來愈多店家提供這項服務，還有特地準備的漂亮外帶餐盒，那樣的店家通常很重視下午茶，應該不會讓你敗興而歸。

下段
三明治

許多店家會提供四到六種三明治給客人選擇，像是烤牛肉或煙燻鮭魚，而過去被視為頂級招待物的小黃瓜三明治，現在則是基本必備款。以前的小黃瓜必須在溫室悉心栽培，因此只有上流社會的人才有能力種植、享用，當時的下午茶若出現小黃瓜三明治，可是代表最頂級的款待唷！麵包通常有兩種選項，有些店家會先詢問：「請問要白麵包還是黑麵包（全麥麵包）？」，完成點餐後才開始製作三明治。

【品項】烤牛肉三明治。配料使用小黃瓜或煙燻鮭魚、蛋＆萵苣等皆可。

中段
司康與凝脂奶油＆果醬

司康的量通常很多，若點心盤裝了好幾人份時，凝脂奶油與果醬會擺在桌上。開始吃司康前，記得先分取至自己的盤子再食用比較好唷！有些對司康很講究的店家會用餐巾布包覆保溫，讓客人吃完三明治仍可享用溫熱的司康。

【品項】鄉村司康（p.10）、倫敦司康（p.88）、培根起司鹹司康（p.90）

上段
各式小點

各式各樣一口大小的精緻點心。較大的蛋糕會事先切塊供客人取用，近來有些店家也開始將傳統的英國點心改造得更加時尚可口，或是提供法式蛋糕等甜點。

【品項】麥片薑汁鬆糕（p.42）、貝克韋爾塔（p.70）、英式蛋塔（p.92）、巴騰堡蛋糕（p.102）、杏桃柳橙百果餡派（p.149）

飲茶的便利幫手～茶包

英國茶包的形狀很特別，如三角錐形、圓形等，多半是沒有線或提把的極簡設計。請選擇喜歡的三層架，來一場美好的下午茶約會吧！

鄉間的喫茶時光
～以英式奶油茶點迎接片刻的悠閒幸福～

走訪英國鄉下，常會看到寫著「Cream Tea（奶油茶點）」的立牌。奶油茶點是指司康與凝脂奶油與果醬加上一壺紅茶的下午茶套餐。雖然在茶屋是全天供應，但午餐過後的點餐率較高。無論是男性或年長者、家庭客或單身客，都能輕鬆享用奶油茶點。帶來悠閒幸福時光的奶油茶點，已深深融入英國人的生活。

當裝滿點心的手提點心盤端上桌的那一刻，美味「食」光隨之展開，心情立刻愉悅起來了呢！當然，自己動手做或購買現成的司康在家享用奶油茶點，對英國人來說也是再平常不過的事。有別於倫敦的下午茶，簡單日常的奶油茶點更貼近生活。真希望你我的忙碌生活中，也能擁有那屬於英國人的片刻悠閒。

英式飲茶時間

〜英國人的紅茶日常〜

據說英國人一天要喝五次紅茶，令人不免好奇到底是怎麼喝的呢？

早餐喝紅茶（Breakfast Tea），到了公司或學校，十一點喝上午茶（Elevenses），午餐後的三點或四點是休息時間的下午茶（Afternoon Tea）。他們總是自備馬克杯，用茶包泡紅茶喝。公司或學校、教會的簡易廚房或茶水間一定會有大罐子，裡面時時都塞滿了紅茶茶包。為避免茶香流失，基本上都是裝在大的餅乾空罐裡。一般超市也有賣大盒裝的紅茶茶包，分量相當驚人！大一點的差不多能裝日本十公斤的米袋。我第一次看到時，心中忍不住想：那

麼多的紅茶，誰喝得完？不過，在從早到晚都要喝紅茶的英國家庭，除了自己人喝，與朋友、鄰居聊天時也會喝，一轉眼就喝光了。我的英國友人也都很愛用茶包，雖然常常接到「要不要來我家喝杯茶？」的邀約，但往往去了才發現，對方只是把茶包丟進馬克杯而已！稍微正式一點的話，也只是把茶包放入名為「Brown Betty」的厚實陶壺加熱水沖泡。起初聽到友人說：「邀請客人來家裡，用茶包就夠了！」還感到很驚訝呢。不過，滿滿的紅茶添入香醇的全脂牛奶一起喝，那滋味真是太棒了！

To make tea by Mrs.Beeton

比頓夫人的完美
紅茶泡法

接下來要為各位介紹，曾是編輯的比頓夫人（1836-1865）在其親自執筆彙整的家政書《家務管理》（*The Book of Household Management*）中提到的「完美紅茶泡法」。據說，當時比頓夫人的紅茶泡法引爆流行，最後成為英國最普及的紅茶泡法。

TEA, to MAKE

要泡出美味的紅茶，「水」的品質非常重要。滾煮了幾分鐘的熱水，或是變冷後重新煮開的熱水都不可以。一定要用新鮮的水，煮滾後立刻倒入茶壺，這點是關鍵。而且，只有軟水能泡出最美味的紅茶。水煮開後，水質會變得更軟，如果變冷就會變成硬水。假如用的是硬水，可將一小撮小蘇打與紅茶一起倒入茶壺，這麼一來，水質就能稍微變軟。切記，小蘇打請加一小撮即可，加太多反而會讓紅茶變難喝。此外，陶製的茶壺又比金屬材質的更能泡出溫順的口感。

現煮好300ml的水加一茶匙的茶葉，就剛好是二個小茶杯的量。在預先熱過的茶壺裡倒入滾水，靜置三到四分鐘，立刻將紅茶倒入杯中，切勿泡太久。正確的泡法才能引出茶葉細膩的風味，帶來經典的美味紅茶。

《家務管理》
（*The Book of Household Management*）

在英國，有將此書送給即將出嫁的女兒作為禮物的傳統。也因此舊書的存量很多，去二手書店多半都找得到（笑）。

The Heart of England

第3章　英格蘭中部的點心

橙香英式鬆餅	P62
米布丁	P65
乳脂鬆糕	P66
香橙檸檬熱布丁	P68
貝克韋爾塔	P70
貝克韋爾布丁	P74
英式煎餅	P76
大黃烤奶酥	P78
傳統薑汁麵包	P80

點心的特徵

英格蘭中部有著口味、作法多樣化的布丁。像是將肉或蔬果分別塞在兩側、形似糖果一般的布丁，或是加入大黃的烤奶酥或烤布丁等等。在這裡，布丁的種類多變，也被當成重要的主食呢！尤其是用牛奶煮米做成的米布丁，在中南部地區廣受喜愛，曾是學校營養午餐中常見的一道餐點喔！

變化萬千、令人驚艷的布丁都來自這裡
英式飲食文化中的巧思與智慧流傳至今

被稱為英國之心（The Heart of England）的這個地區，是融合了英國文化與歷史魅力的重要區域。在工業革命時期成為發展中心，後成為重要都市的德比（Derby）、考文垂（Coventry）等城市，因為擁有豐富的文化遺產與田園風景，成為公認最具英國風情的地方，至今仍有象徵歷史與往日榮景的建築物與大教堂散布於城市的各個角落。

此外，英格蘭中部也孕育了當代文豪、人稱英國國寶的劇作家莎士比亞，他出生於埃文河畔瓦立克郡（Warwickshire）的斯特拉特福（Stratford），這可是英國人心中永遠的驕傲呢！

伯明罕（Birmingham）是英國的第二大城，這兒有壯觀的維多利亞式建築與藏品豐富度在世界上首屈一指的「伯明罕博物館暨美術館（Birmingham Museum and Art Gallery，BM&AG）」，是品味英國不可錯過的重要景點。自古以來經濟與文化發展都很發達的中部，有段時期真的就像英國之心，是英國的中樞。

說起誕生於此的點心，最有名的莫過於「貝克韋爾布丁」了！這道甜點源自貝克韋爾鎮，位於中部地區的國家公園內。另外，以鬆餅日賽跑聞名的歐爾尼村（Olney）就位處英格蘭中部之南。

英格蘭中部還有各式各樣的布丁。以前的布丁大多是指以豬或牛內臟做成香腸般的肉料理，現在則泛指甜點。此外，北部的韋克菲爾德（Wakefield）特產的催熟栽培大黃（forced rhubarb）也很有名。英國常見的大黃產自中南部，色澤紅豔、根莖粗厚，北部的則偏粉紅色。使用大黃做成的烤奶酥或果醬，是英國家庭在一、二月左右至夏季最常做的布丁口味之一。

作法→p.64

Pancake Day & Pancake race

英國的鬆餅日與鬆餅日賽跑

英國的二至三月有「鬆餅日」，通常在復活節前的基督教四旬期（Lent，禁止吃肉飲酒的齋戒期，為期四十天）前舉行。鬆餅日的用意，是希望人們在四旬期前將剩餘的蛋、牛奶、奶油等用完，也是為身體儲備能量，迎接四旬期的到來。當天還會舉辦鬆餅日賽跑。這個比賽的起源地是英格蘭南部白金漢郡的歐爾尼村。有趣的是，這個活動的起源據說是在某個平凡的早上，村裡的一名主婦正在煎鬆餅，卻突然聽見教堂的鐘聲響起，她才發現自己忘了去做禮拜，匆忙間就這樣拿著平底鍋奔向教堂——據說這就是鬆

餅日的由來，從1445年至今，已有六百年的歷史了。

參加賽跑的人會依循傳統，頭綁三角頭巾、身穿圍裙，手持裝有鬆餅的平底鍋全力奔跑爭取冠軍。途中還必須甩鍋讓鬆餅翻面。這個活動普及全英，在倫敦柯芬園（Covent Garden）舉行的鬆餅日賽跑，參與者還會刻意變裝增加趣味呢！有些公司的點心會提供鬆餅，國高中的營養午餐也會出現鬆餅，小學也會在校內操場舉辦賽跑。大人小孩可是都滿心期待這個一年一度的鬆餅日呢！

每年盛大舉行的鬆餅日賽跑。

小朋友的賽跑結束後，緊接著是大人的賽跑。
大家端著裝有鬆餅的平底鍋，朝著終點的教堂奔跑。

在教堂內接受表揚的參加者。

叫我第一名！

攝影者　Jeremy Rawlings

Orange Pancakes

橙香英式鬆餅

英式鬆餅就像日本流行的可麗餅。先用平底鍋將麵糊煎成薄餅，撒上細砂糖、擠檸檬汁後捲起來。現在還會搭配果醬或鮮奶油一起吃，本書介紹的是使用柳橙的清爽口味。作法也超級簡單，想吃的時候很快就能完成！

❖ 材料　直徑 18cm　5 片

A	無鹽奶油……50g
	三溫糖……40g
	蘭姆酒……½ 大匙

低筋麵粉……110g

B	蛋……1 顆
	牛奶……110ml
	柳橙汁……70ml

柳橙（切成半月形塊狀）……適量
細砂糖（最後裝飾用）……適量

❖ 前置作業

- 奶油隔水熱融。
- 蛋退冰至室溫，打成蛋液。

> **保存方式**
> 完成後盡快食用。吃不完的話，放入密封容器，冷藏保存 1 天。

❖ 作法

備料

1　先把 A 加熱融化，放涼備用（a）。

2　低筋麵粉篩入調理碗，加 1 輕輕混拌，再加 B 拌合，用木匙拌至柔滑狀（b）。

組合

3　平底鍋以小火加熱，鍋熱後放一小匙奶油（材料分量外）熱融，倒入 ⅕ 量的麵糊，稍微傾斜鍋面，煎成直徑約 18cm 的薄餅。待周圍煎熟、表面變乾再翻面。用相同的方法，再煎 4 片（c）、（d）。

烤焙

4　煎好的薄餅放至盤中，擠點柳橙汁，捲起、盛盤。適量撒上細砂糖，擺放柳橙做裝飾。

Rice Pudding

米布丁

米吃起來是甜的？或許有些人會覺得很奇怪，但英國的米布丁真的很好吃啊！米布丁可以用烤箱烤或是鍋蒸，因為一次可以做很多，是適合供多人食用的餐點，據說以前是學校營養午餐經常出現的甜點。英國的超市有賣專用的布丁米，特性和日本米很相似。現在也有提供杯裝的米布丁，只要是想吃的時候，隨時都能來一杯布丁喔！

米布丁專用米

英國販售的米布丁專用米。米粒圓潤，像日本米一樣有黏性。

❖ **材料**　直徑 18cm 的派盤　1 個

米……80g
牛奶……500ml
細砂糖……30g
肉豆蔻粉……少許

保存方式

完成後盡快食用。吃不完的話，用保鮮膜包好，冷藏保存1天。

❖ **作法**

備料▼組合＋蒸炊

1 米稍微搓洗後，倒入鍋中。

2 加牛奶與細砂糖，以小火加熱，用木匙輕輕混拌。

3 再加肉豆蔻粉，煮30〜40分鐘。過程中不時用木匙攪拌。

4 等到米煮軟即完成，趁熱吃或冰過再吃皆可。另外搭配覆盆莓或草莓果醬一起吃也不錯。

Trifle

乳脂鬆糕

原文名稱意指「現成品」的乳脂鬆
糕,自維多利亞時代開始就是廣受全
民喜愛的華麗甜點。製作時以雕花玻
璃碗盛裝,展現美麗的夾層,大量使
用鮮奶油與卡士達醬、當季水果,有
些還會加果醬或果凍增色。雖然在英
國多半是用雪莉酒,不過書中選用方
便取得又好入口的櫻桃酒,做出來的
滋味也很棒唷!

❖ **材料** <small>容量 250ml 的容器　4 個</small>

鮮奶油……200ml
細砂糖……15g
櫻桃酒……1 大匙

A ┃柳橙汁……20ml
　┃櫻桃酒……²⁄₃ 小匙

卡士達醬（p.159）……80～100g
市售海綿蛋糕（切成2cm見方的塊狀）……15～20 個
草莓……20 粒
喜歡的莓果（覆盆莓、藍莓、葡萄等）……適量
薄荷葉……適量

❖ **前置作業**

• 草莓及莓果類，清洗後切成方便
  入口的大小。

❖ **作法**

備料

1 調理碗內放冰塊，再放入另一個調理碗，倒鮮奶油、加細砂糖和櫻桃酒，用
  打蛋器打至6分發（用打蛋器撈起時，滴落下的痕跡會立刻消失）。

2 將A混合，做成糖漿。

3 把¼量的卡士達醬盛入容器裡。

組合

4 接著擺放2～3塊海綿蛋糕，刷塗**2**的糖漿。

5 適量撒上已經切好的草莓或藍莓，舀入⅛量的鮮奶油。

6 再依序疊放海綿蛋糕、草莓或藍莓、鮮奶油。

裝飾

7 最後在鮮奶油上擺草莓做裝飾，依個人喜好放薄荷葉。

保存方式
　完成後盡快食用。吃不完的話，
　用保鮮膜包好，冷藏保存1天。

Pudding
關於布丁

布丁是自古以來就有的食物，古書中也經常出現，但其代表的意義隨著時代有所改變，早期是指用酥皮麵團包肉餡的牛肉腰子布丁（或稱牛肉腰子派），以及用豬、牛血或內臟做的黑布丁等肉類料理。現在則泛指甜點，大致上又可分為三類：冷布丁、蒸布丁與烤布丁。

冷布丁不必使用烤箱，只要將材料拌合冷藏即可，像是夏日布丁或乳脂鬆糕等皆屬之。烤布丁，顧名思義就是用烤箱烤製而成。種類最多的蒸布丁，一般都是蒸好後再加熱食用，蒸布丁選用的食材則更為廣泛，從水果到堅果、燕麥都有。也有不少布丁直接使用食材水果或產地名直接命名。

Steamed Orange & Lemon Sponge Pudding

香橙檸檬熱布丁

蒸布丁就是要趁熱吃！柳橙的甜與檸檬的酸，會因為加熱而變得更加溫潤順口，帶來難以言喻的美味。晚餐前先拿一個碗快速拌好料下鍋蒸，吃完晚餐時，布丁也蒸好了。全家一同開心享用，是一道溫馨家常味的甜點。如今在英國也常見到這款布丁的冷凍調理包、罐頭、常溫包裝，下班時順道買回家再加熱即可，是非常普遍的蒸布丁。

❖ **材料**　容量 300ml 的布丁模　2 個

無鹽奶油……100g
細砂糖……100g
蛋……2顆
低筋麵粉……175g
泡打粉……2小匙

A
｜柳橙皮（大略磨碎）……½ 個的量
｜柳橙汁……2小匙
｜檸檬皮（大略磨碎）……½ 個的量
｜檸檬汁……2小匙

B
｜柳橙汁……30g
｜檸檬汁……30g
｜細砂糖……2大匙

玉米粉……1大匙
水……1大匙
薄荷葉……適量

❖ **前置作業**

- 奶油置於室溫下回軟。
- 蛋退冰至室溫，打成蛋液。
- 布丁模內側塗上薄薄一層奶油（材料分量外），底部鋪上剪成圓形的烤盤紙。

┌─────────────────┐
│ **保存方式**
│ 　完成後盡快食用。吃不完的話，
│ 　用保鮮膜包好，冷藏保存3天。
└─────────────────┘

❖ **作法**

備料
1　在蒸鍋裡倒熱水（材料分量外），以小火加熱保溫。

2　把奶油倒入調理碗，用打蛋器打至柔滑狀。

3　接著加砂糖，分3次加，用打蛋器刮底攪拌。

組合
4　再加進蛋液，分3次加，仔細混拌。

5　將低筋麵粉與泡打粉混合、過篩，再加A，用木匙大略拌合。

蒸炊
6　在2個布丁模各倒一半的 **5**，放入蒸鍋，以中火蒸50～60分鐘。

7　蒸好後，置於網架上放涼、脫模。

8　製作醬汁。取一鍋倒入B，以小火加熱拌合。玉米粉加等量的水調成玉米粉水，加進鍋中輕輕混拌，等到變得黏稠即完成。淋在 **7** 上一起享用。

作法→p72

Bakewell Tart

貝克韋爾塔

貝克韋爾鎮位於英格蘭中部德比郡（Derbyshire）的峰區國家公園（Peak District National Park）內。這裡風景優美，更是露營與健行愛好者的必去地點。貝克韋爾鎮的知名點心就是貝克韋爾塔，這款甜點的歷史可是比鎮上的另一知名點心貝克韋爾布丁還要悠久喔！據古籍資料記載，早在十六世紀時人們便已開始食用這款果醬甜塔。同樣冠上鎮名的塔與布丁外觀相似，實則不同。尺寸有大有小，每家店的口味也各異其趣。

 英倫餐桌報告

貝克韋爾的知名點心～塔與布丁

1～3 貝克韋爾鎮上茶屋與店家林立。4 貝克韋爾塔和貝克韋爾布丁。5 據說是貝克韋爾布丁（p.74）發源地的「白馬飯店（The White Horse Inn）」。6、7 飯店的周邊也有許多販賣貝克韋爾布丁的店。

貝克韋爾塔

❖ **材料**　直徑 18cm 的派盤　1 個

鬆脆酥皮（p.73）……1塊（250g）
無鹽奶油……55g
細砂糖……55g
蛋……1顆
杏仁粉……55g
低筋麵粉……10g
檸檬皮（磨碎）……½ 個的量
杏仁油……½ 小匙
覆盆莓果醬……2大匙
杏仁片……適量

❖ **前置作業**

- 製作鬆脆酥皮，烤好備用。
- 奶油置於室溫下回軟。
- 蛋退冰至室溫，打成蛋液。
- 烤箱預熱至190℃。

保存方式
放入密封容器，常溫保存3天。

❖ **作法**

備料
1 把奶油倒入調理碗，用木匙拌
　　至柔滑狀(a)。

2 接著加砂糖，刮底攪拌。再加
　　進蛋液混拌(b)。

組合
3 將杏仁粉與低筋麵粉混合、過
　　篩，再加檸檬皮與杏仁油混拌
　　(c)、(d)、(e)。

4 在烤好的鬆脆酥皮塔 底部塗抹
　　果醬(f)。

5 輕輕地舀入 **3**，擺上杏仁片(g)。

烤焙
6 烤箱溫度調低至180℃，烤
　　20～25分鐘(h)。

Shortcrust Pastry
鬆脆酥皮

英國點心的基本麵團，也是做點心時最常用到的麵團，特徵是酥鬆的口感。除了點心外，也被廣泛用於料理的製作。硬度或甜度可依點心的種類而調整，配方也很多變。在英國可買到便宜的冷藏或冷凍鬆脆酥皮，許多人會直接使用市售品製作點心。

接下來，就為各位介紹一口咬下時酥脆感十足的美味酥皮作法。對了，因為麵團切過後容易回縮，建議使用小一點的烤模製作喔！

❖ **材料**　直徑 18cm 的派盤　1 個（250g）

A
低筋麵粉……140g	無鹽奶油……50g
鹽……¼ 小匙	蛋黃……½ 個
糖粉……25g	牛奶……2～3 大匙

❖ **前置作業**

• 奶油切成 2cm 左右的骰子狀，放進冰箱冷藏備用。

❖ **作法**

 備料

1 將 A 拌合，篩入調理碗備用。

2 加奶油，用刮板切拌成鬆散的細沙狀 (a)。

組合

3 再加蛋黃混拌，加 2 大匙牛奶，揉整成團。如果無法成團，再加 1 大匙牛奶揉拌 (b)。用保鮮膜包好，放進冰箱冷藏 30 分鐘。

4 烤箱預熱至 190℃。

5 把麵團壓成 3mm 的厚度，鋪入派盤。鋪上鋁箔紙，放入防止塔皮過度膨脹的鎮石 (c)。

 烤焙

6 烤箱溫度調低至 180℃，烤 25 分鐘即完成 (d)

保存方式
將鋪入烤模未烤的生酥皮包上保鮮膜，裝進保鮮袋冷凍可存放 2 週。

Bakewell Pudding

貝克韋爾布丁

貝克韋爾鎮「白馬飯店」（The White Horse Inn）的主廚誤將經營者格雷維斯夫人（Mrs.Greaves）交代的貝克韋爾塔做錯，誤打誤撞下誕生出這道點心，卻因為太美味而廣受好評。當時經營蠟燭店的威爾森夫人（Mrs. Wilson）買下這個食譜後，開設了

「貝克韋爾布丁創始店」（The Original Bakewell Pudding Shop）。不過，鎮上打著創始店招牌的店還有兩家，也都各自主張擁有貝克韋爾布丁的祕傳配方。造訪英國時，品嚐、比較不同店家的貝克韋爾布丁也是件相當有趣的事。

❖ **材料**　直徑 18cm 的派盤　1 個

冷凍派皮……18cm 見方 1 塊
草莓果醬或覆盆莓果醬……4 大匙
蛋……3 顆
杏仁精……4～5 滴
細砂糖……100g
杏仁粉……100g
無鹽奶油……50g
手粉（高筋麵粉）……適量

❖ **前置作業**

- 蛋退冰至室溫。
- 奶油隔水熱融。
- 烤箱預熱至 210℃。

保存方式
　完成後盡快食用。吃不完的話，
放入密封容器，常溫保存 1 天。

❖ **作法**

備料

1 將冷凍派皮置於室溫下約 10 分鐘，邊撒手粉邊用擀麵棍輕輕壓開。

2 把 **1** 的派皮鋪入派盤。

3 派皮底部全部塗上果醬。

組合

4 製作填餡。蛋打入調理碗內，用打蛋器打成蛋液。加杏仁精與細砂糖，刮底攪拌。

5 接著篩入杏仁粉，用木匙大略混拌。

6 加進熱融的奶油，用木匙拌至柔滑狀。

7 把 **6** 倒入 **3** 裡。

烤焙

8 放入烤盤，烤箱溫度調低至 200℃，烤 20 分鐘。再調低至 180℃，烤 10 分鐘即完成。

Crumpet

英式煎餅

有人認為這道點心的語源，可能來自威爾斯語的「crempog」（威爾斯餡餅）。英式煎餅源自威爾斯與英格蘭邊境的英國中部地方（Midland），外觀是直徑約7～8公分的圓形，因使用酵母發酵，表面會有獨特的小孔。以前是用鐵煎盤煎烤而成，要以未完全烤透的狀態保存，要吃時再重新烤過。現已成為全英國的基本點心，在超市的麵包賣場都買得到，也經常出現在英式早餐中。

❖ **材料**　直徑 8cm 的煎餅圈模　5 塊
　　　　　→也可用同樣大小的慕斯圈代替

A
│ 細砂糖……1小匙
│ 牛奶……100ml
│ 酵母粉……2小匙

低筋麵粉……100g
鹽……¼小匙
泡打粉……2小匙

❖ **前置作業**

- 牛奶加熱至接近肌膚溫度。
- 煎餅壓模內側塗上薄薄一層奶油（材料分量外）。

❖ **作法**

| 備料 | **1** | 將A倒入調理碗，輕輕混拌，靜置15分鐘。 |

2 低筋麵粉與鹽混合，篩入另一個調理碗，再加 **1** 及泡打粉，用木匙大略拌合。

| 組合 | **3** | 把 **2** 包上保鮮膜，放在已預熱至30～40℃的烤箱或窗邊等溫暖的地方1小時。 |

| 煎烤 | **4** | 平底鍋以中火加熱，加1小匙奶油（材料分量外），放入煎餅壓模，倒 ⅙ 量的麵糊（厚度約1cm）煎烤。烤到表面呈現金黃色後，翻面煎烤另一面。兩面都變成金黃色即完成。 |

5 趁熱抹上奶油（材料分量外）享用。

保存方式
放入密封容器，常溫保存2天。

Rhubarb Crumble

大黃烤奶酥

英國的市集每天從早晨營業到中午，市集內總是擠滿採購新鮮食物的人們。店家攤販不會提供裝商品的袋子，採買時請記得自備籃子或購物袋。

大黃因為富含纖維，以前被當作整腸劑，具有利尿、抗氧化的作用，還有很強的抗菌效果，相當珍貴，價格也很高。走在路上隨意問一位英國人：「大黃是蔬菜，還是水果呢？」，得到的答案肯定是「當然是水果啊！」。不過，走進店裡也常看到大黃被擺在蔬菜區，難免令人有點疑惑呢。

英國人認為大黃是水果，應該是因為它常被使用在甜點上。若是請教英國的老奶奶怎麼吃大黃，她一定會斬釘截鐵地回答：「當然是做成烤奶酥囉！除此之外沒有別的吃法！」。此外，英國人也會把大黃做成果醬或甜酸醬（chutney）。大黃烤奶酥的作法相當簡單，每到盛產期，英國家庭常做這道甜點，有時為了增加香氣會加薑或堅果，是春夏交替之際的季節性甜點。

❖ **材料**　20×15cm 的橢圓形焗烤盤　1個

低筋麵粉……125g

細砂糖……90g

無鹽奶油……90g

A │ 大黃……200g
　│ 細砂糖……100g
　│ 水……3大匙
　│ 檸檬汁……2大匙

糖漬柳橙罐頭……1罐

（去除柳橙表面的薄皮後，用糖漿醃漬而成）

❖ **前置作業**

- 奶油切成2cm左右的骰子狀，放進冰箱冷藏備用。
- 大黃切成2.5cm的小段。
- 焗烤盤內塗上薄薄一層奶油（材料分量外）。
- 烤箱預熱至190℃。

```
保存方式
　　完成後盡快食用。吃不完的話，
　用保鮮膜包好，冷藏保存1天。
```

❖ **作法**

備料

1 製作奶酥。低筋麵粉與細砂糖混合，篩入調理碗，再加奶油，用刮板切拌成鬆散的細沙狀，放進冰箱冷藏備用。

2 切好的大黃塊下鍋，把A剩餘的材料也一起倒入，以中火煮5～8分鐘。大黃不要煮太透，變軟即可。

組合

3 將**2**倒入耐熱容器，撒上糖漬柳橙。

4 接著鋪放**1**，把20g的奶油（材料分量外）撕成1cm左右的小丁，分散擺在表面。

烤焙

5 烤箱溫度調低至180℃，烤15分鐘。烤好後趁熱享用。

大黃果醬

如果手邊正巧有很多大黃，請試著做做看。抹吐司或配優格都很好吃。

❖ **材料**　完成的量　約300g

大黃……200g
檸檬汁……2大匙
柳橙汁……2大匙
細砂糖……150g

❖ **前置作業**

- 大黃切成2cm的小段。
- 準備果醬瓶之類的有蓋玻璃瓶，煮沸消毒備用。

❖ **作法**

1 大黃下鍋，加檸檬汁、柳橙汁混拌。

2 撒入細砂糖，包上保鮮膜，靜置一晚(a)。

3 以中火煮5～10分鐘，邊煮邊用木匙輕輕攪拌。大黃煮久會化開散掉，煮的時候請留意(b)。

4 裝進玻璃瓶。

```
保存方式
　　裝瓶冷藏，保存4週。
```

Old Gingerbread

傳統薑汁麵包

相傳印度（或中國）的薑在十世紀左右傳入英國，當時只供上流階層與神職人員等特定人士當作藥物使用，相當珍貴。到了十六世紀，國王亨利八世將可促進血液循環、發汗的薑推廣至民間成為一般藥物，廣受百姓喜愛，知名的「薑餅人」也因此誕生。

這款歷史悠久的傳統薑汁麵包是遍及全英的點心，作法也各有不同。特徵是使用金黃糖漿（p .117）與深色紅糖（ dark brown sugar，黑糖加糖蜜製成），本書改以黑糖製作，風味略有差異，但美味不減。

❖ **材料** 18×7×高6cm的磅蛋糕模 1個

A
| 無鹽奶油……25g
| 金黃糖漿（p.117）……2大匙

B
| 低筋麵粉……100g
| 小蘇打……1小匙
| 泡打粉……½小匙
| 肉豆蔻粉……¼小匙
| 肉桂粉……¼小匙
| 薑粉……1小匙

蛋……1顆
牛奶……50ml
黑糖……40g
大燕麥片……25g

❖ **前置作業**

- 蛋退冰至室溫。
- 磅蛋糕模內鋪入白報紙。
- 烤箱預熱至180℃。

❖ **作法**

備料
1 將A下鍋，以中火加熱，直到奶油融化。

2 把B混合，篩入調理碗。

3 另取一碗，打入蛋、倒牛奶，再篩入黑糖，用打蛋器輕輕拌合。

組合
4 把**3**加進**1**裡，用打蛋器混拌。

5 接著加**2**，用木匙大略拌合。

6 再加大燕麥片，用木匙拌至呈現光澤感的狀態。

烤焙
7 將麵糊倒入磅蛋糕模，烤箱溫度調低至170℃，烤25～30分鐘。用竹籤
插入蛋糕，若無沾黏即完成。

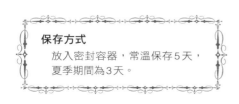

保存方式

　放入密封容器，常溫保存5天，
夏季期間為3天。

夏　Summer

Orange & Yogurt Jelly　全英

香橙優格凍

英國人在夏天沒有喝冰茶或冰咖啡等冷飲的習慣，但他們喜歡吃冰涼的甜點，而且是一整年都愛吃！

近年來，年輕人偏好口感輕盈的甜點。一包果凍粉只要25便士（在台灣，一包果凍粉售價約30元至200元間）就買得到，於是果凍類甜點變得多元豐富。這款優格凍常用來當作乳脂鬆糕的基底，使用玻璃果凍模做好後端上桌，隨即散發英國夏日的爽朗風情。

❖ 材料　容量500ml的果凍模或調理碗　1個

自搾柳橙汁……300ml（4～5顆的量）
細砂糖……100g
即溶吉利丁粉（不用泡水，直接加入熱液中就會溶解）……10g
原味優格……100g
柳橙（裝飾用）……½個

保存方式

冷藏一晚，隔天再吃。吃不完的話，用保鮮膜包好，冷藏保存2天。

❖ 作法

1　果汁倒入鍋中，加細砂糖，以中火加熱至80℃左右。

2　接著倒進調理碗，放涼後加吉利丁粉，用木匙輕輕攪拌，拌的時候別太大力，以免拌入空氣。

3　另取一碗倒入優格，拌至柔滑狀後，倒進 **2** 裡，用打蛋器輕輕拌合。

4　先將果凍模泡水（這樣比較好脫模），倒入 **3**，放進冰箱冷藏一晚。

5　把果凍模泡在約80℃的水中10秒左右，脫模、盛盤。表面化掉會散開，泡水時請留意果凍的狀態。

6　柳橙切片再對半切開，擺在周圍做裝飾。

Summer Pudding

夏日布丁

這是英國最知名的夏季甜點之一，關於它的起源目前尚無明確紀錄，相傳是在十九世紀末期至二十世紀的維多利亞時代開始盛行，1930 年左右被定名為「夏日布丁」（Summer Pudding），開始有了華麗繽紛的顏色與豐富的口味。像變魔術一般，把舊麵包變得好吃的這道布丁，堪稱英國冷布丁的代表。

❖ **材料**　容量500ml的布丁缽或調理碗　1個

吐司……7～8 片

A
│ 冷凍綜合莓果……500g
│ 細砂糖……60g
│ 金黃糖漿（p.117）……1大匙
│ 水……6大匙

❖ **前置作業**

* 將保鮮膜裁切成布丁缽的二倍大左右，鋪入布丁缽，貼緊內側，把超出碗內的保鮮膜貼緊外側（之後用來覆蓋表面）。

❖ 作法

1　將A倒入鍋中，以中火加熱，用木匙輕拌，以免壓爛莓果，快煮滾前關火。

2　留一片吐司備用，其餘的全部斜切成二片梯形。用吐司的單面沾 **1** 的糖漿，鋪排在布丁缽內。

3　保留些許莓果用作裝飾，剩下的倒入 **2** 裡。將備用的那片吐司配合布丁缽的大小裁切，做成封蓋。用貼在外側的保鮮膜包覆。接著擺上比布丁缽大一倍的大盤子與罐頭等重物，放進冰箱冷藏一晚。

4　取下盤子、罐頭等重物，拿掉保鮮膜，倒扣於盤內脫模。放上保留的莓果，或依個人喜好淋上現打的鮮奶油（材料分量外）享用。

保存方式

放入密封容器，常溫保存1週，第3天是最佳品嚐時機。

英國的點心模型

令人著迷的果凍模

英國點心模型的歷史與料理、甜點的發展有著密不可分的關係。

十六世紀時，人們用麵粉先做成鬆脆的酥皮麵團，再包進肉餡或根莖蔬菜烘烤，烤好後只吃內餡，當時的麵團相當於烤模的作用。隨著時代演變，維多利亞時期出現了名為「女王銅皿」（Victorian Copper）的精美銅模，價格也極昂貴，因而擁有者們代代相傳、珍惜使用。今日造訪英國博物館或當時貴族們的莊園大宅，都還能看到這些閃著歲月光澤的銅器擺在廚房內當作裝飾。

1900 年左右，陶製果凍模（ceramic jelly mold）開始大量生產，至今仍可以見到當時常見的英國玫瑰與復活節兔子造型陶模。同時，低價的鋁製模型（aluminium mold）也變得普及，活用鋁的柔軟延展性，製造出多變有趣的模型。

陶製

玻璃製

鋁製

1940 至 60 年代，玻璃製的果凍模（glass jelly mold）登場，成為一般家庭常見的器皿，也常出現在骨董店裡。厚實沉重的玻璃模，內有氣泡混雜，精緻度略低，些微的瑕疵也是其魅力所在。從復活節專用的大兔子模型到單人份的小模型，各式各樣的造型都有。在水果珍貴的時代，用可愛的模型製作繽紛的果凍，可是為餐桌增色的小撇步呢！

英國的點心模型有著不同的用途，除了果凍用，還有烤焙用、派餅用、巧克力用、冰淇淋用等專用模型，令人目不暇給又愛不釋手。順道一提，比頓夫人的著作中也有專文介紹英國的點心模型，有空不妨一讀。

原本用來做果凍的模型，放入叉子或湯匙擺在桌上，插上鮮花或乾燥香花當作擺飾也別有韻致。時至今日，古老的英國點心模型用嶄新的方式存在著，別有一番趣味。

South England

第4章　英格蘭南部的點心

倫敦司康	P88
培根起司鹹司康	P90
英式蛋塔	P92
香蕉太妃派	P94
女王布丁	P98
櫻桃派	P100
巴騰堡蛋糕	P102
巧克力布丁	P105
豬油蛋糕	P108
伊頓雜糕	P110
沙麗蘭麵包	P112
維多利亞蛋糕	P114
糖漿海綿蛋糕布丁	P116
懷舊麵包布丁	P120
康瓦爾岩石餅	P121
德文郡開花麵包	P124
巴斯小圓麵包	P125
番紅花圓麵包	P128
切爾西麵包	P129

點心的特徵

説起英國南部點心的特徵，莫過於豐富得驚人的食材運用。主婦們會精心挑選當季食材，配合奶油或辛香料、砂糖，製作各式各樣的甜鹹點心。櫻桃或草莓等採收期較短的水果，除了做成季節甜點，也會製成耐放的果醬保存。另外，源自倫敦、曾是皇室食譜的糕點也很多，像是曾在女王登基鑽禧派對（Diamond Jubilee）上特供的維多利亞蛋糕，如今也是民間常見的點心。

皇室飲食美學，承襲英倫傳統的精緻糕點
物產豐饒之地

英格蘭南部受惠於穩定的氣候，食材種類豐富，因此孕育出各式各樣的點心。這個地區的科茨沃爾德有連綿起伏的丘陵，傳統的蜂蜜色石造民房與美麗的風景仍保留至今。南部還聚集了許多充滿魅力的村莊，像是被詩人威廉莫里斯（William Morris）譽為世界最美村莊的比伯里村（Bibury）、擁有數座石砌小橋的水上柏頓（Bourton-on-the-Water）等。

保存著華麗莊園建築的契頓漢（Cheltenham）經常舉辦音樂節及文學節，還有上流人士社交場所的賽馬場，是英國南部的旅遊重鎮。位處威爾斯邊界、西部的施洛普郡（Shropshire）與禧福郡（Herefordshire）可見綠意盎然的遼闊農場，知名景點也很多，例如以大教堂聞名的赫里福德市（Hereford）等地。

東南部有英國人口最多、與女王淵源深厚的伯克郡（Berkshire）、白金漢郡（Buckinghamshire），首都倫敦則是全英政治經濟中心，有著百萬人口聚集的繁華大城。「維多利亞蛋糕」與「英式蛋塔」等誕生於皇室的點心，就是從這裡流傳至全英。來自皇室的點心，即便食材相同也能以新奇的面貌、繽紛的色彩給人面目一新的驚豔感，因此廣受民眾喜愛。像是「巴騰堡蛋糕」這種華麗的糕點因為少見，一推出便聲名大噪，如今已是下午茶的基本茶點。

氣候暖和的西南部，有著大片的牧草地。德文郡（Devon）與康瓦爾郡（Cornwall）以優質乳製品製造出的高品質凝脂奶油，是英國飲茶時間不可或缺的佐料，知名的切達起司生產地切達村（Cheddar）也在這兒。西南端的康瓦爾郡，過去由於海洋貿易發達，十七世紀自西印度群島引進當時很珍貴的辛香料跟番紅花，使用那些香料的獨特點心及料理至今猶在。

每一口點心都有著歷史更迭的痕跡，懷著這樣的心情品嚐甜點，也使人更幸福了呢！

London's Scones

倫敦司康

近來倫敦很流行口感鬆軟的司康。直徑約莫五公分的一人份大小，口感如麵包般輕盈，內部組織卻保有濕潤感。刷塗上蛋液的表面，烤好後顏色漂亮又光滑，側面不會有「裂口」（p.12）。飯店的下午茶多是供應這種鬆軟的司康。通常是用低筋麵粉加高筋麵粉製作，也有只用高筋麵粉的配方。高筋麵粉的麩質含量高、筋性強，可增加彈性與保水性，烤出鬆軟口感。不過，完成的麵團必須靜置醒麵，稍嫌費時。因此，本書特別介紹只用低筋麵粉就能做出鬆軟司康的作法。

❖ **材料**　直徑 6cm 的菊型　6～7 個

A | 低筋麵粉……250g
　| 泡打粉……18g
　| 鹽……1 小撮

無鹽奶油……37g
細砂糖……50g
葡萄乾……75g
蛋……1 顆
牛奶……83ml
手粉（高筋麵粉）……適量

❖ **前置作業**

- 奶油置於室溫下回軟。
- 蛋退冰至室溫，打成蛋液。
- 烤盤鋪上烤盤布。
- 烤箱預熱至210℃。

保存方式
　放入密封容器，常溫保存3天，冷凍保存2週。

❖ **作法**

〔備料〕
1 將A拌合，篩入調理碗。
2 加入回軟的奶油，用刮板切拌成鬆散的細沙狀。

〔組合〕
3 再加細砂糖切拌，倒入葡萄乾大略混拌。
4 倒入蛋液，用刮板大略混拌。然後邊觀察狀態邊加牛奶，差不多成塊後，用手拌壓成團。
5 把麵團放在撒了手粉的平台上，用手壓扁後對折，此步驟重複4～5次。壓成2.5～3cm的厚度，最後用擀麵棍擀壓整形，以沾了手粉的壓模壓麵團，放入烤盤。

〔烤焙〕
6 表面刷塗蛋液（材料分量外），烤箱溫度調低至200℃，烤5分鐘，再以170℃烤10～14分鐘。

Bacon & Cheese Savory Scones

培根起司鹹司康

在倫敦的時髦熟食店或路邊攤，常常見到鹹口味或是添加大量配料的鹹司康，每逢午餐時間總是賣得飛快！加起司的司康以前就有，後來延伸出加肉類或香草、水果、油漬蔬菜等烤成的大分量司康。鹹司康在鄉下還很少見，不過在倫敦被當作餐食的司康則是相當受歡迎喔！

❖ 材料　<small>直徑 6cm 的菊型　6 ～ 7 個</small>

A
低筋麵粉……200g
泡打粉……1 大匙
鹽……½ 小匙
黃芥末粉……½ 小匙

無鹽奶油……50g
起司絲（焗烤用）……100g
培根片……30g
牛奶……100ml
手粉（高筋麵粉）……適量

❖ 前置作業

- 奶油切成2cm左右的骰子狀，放進冰箱冷藏備用。
- 培根切成1cm寬的小段，炒到稍呈焦黃色後，放涼備用。
- 烤盤鋪上烤盤布。
- 烤箱預熱至210℃。

保存方式
放入密封容器，常溫保存3天，冷凍保存2週。

❖ 作法

備料

1　將A拌合，篩入調理碗。

2　加入奶油，用刮板切拌成鬆散的細沙狀。

3　用手確認有無殘留較大塊的奶油。

組合

4　接著加進起司與培根，用刮板大略拌合。

5　再加牛奶，用刮板拌壓成團。

6　把麵團放在撒了手粉的平台上，用擀麵棍壓成2.5cm的厚度，以沾了手粉的壓模壓麵團。表面擺上一小撮裝飾用的起司絲（材料分量外）。

烤焙

7　放入烤盤，烤箱溫度調低至190～200℃，烤5分鐘，再以170℃烤10～14分鐘。

🇬🇧 英倫餐桌報告

當地的司康

1極受歡迎的司康，種類也很豐富。**2**盤內已擺上凝脂奶油&果醬的奶油茶點。
3可邊聽室內音樂邊享用午茶的茶屋。

作法→p96

英式蛋塔

被稱為「榮譽女僕」（Maid of Honour）的這道點心，由來眾說紛紜。1585年初次出現在文獻中的英式蛋塔，提及其無比的美味，並因受到亨利八世的喜愛，一夜之間成為知名點心。

有此一說，亨利八世在漢普敦宮發現女僕在吃這道點心，他吃過後驚為天人，甚是喜歡，於是把製作點心的女僕幽禁在宮內，以免配方流傳出去，讓她畢生只為皇室的人製作。這道甜點因為好吃到令國王想獨占的程度而得名。另有一說是，漢普敦宮的都鐸廚房有個上鎖的鐵盒，裡面就放著這道點心的食譜。亨利八世的妻子安妮‧博林（Anne Boleyn）照著食譜製作，亨利八世吃過後相當喜歡，因而成為皇室御用甜點。無論是哪個傳說，都是讚揚這道點心無比美味的軼事，各有各的魅力。

如今，還遵循原始作法的老店位在邱園（Kew Garden，即皇家植物園）旁。店名就叫「The Original Maids of Honour」。這間老茶屋除了可享用現出爐的英式蛋塔外，還提供搭配英式蛋塔的奶油茶點，除了當地人，也有許多人遠從外地前來朝聖。該店活用了相同麵團研發出多種新口味，像巧克力、白蘭地、草莓、杏桃等，也是很受歡迎的口味。有機會造訪倫敦的話，務必撥空去這家店親自嚐一口令亨利八世著迷的點心！

 英倫餐桌報告

享用傳統的當地英式蛋塔

1 The Original Maids of Honour 茶屋的外觀。
2 除了基本口味，還有巧克力、杏桃等口味也很受歡迎。
3 暖爐坐鎮中央，氣氛沉穩的店內擺放著舊桌椅，英式蛋塔與藍柳（Blue Willow）骨瓷茶具一起端上桌。懷舊而美好的氛圍，彷彿回到古老的英國時光。

作法→p97

Banoffi Pie

香蕉太妃派

因為是用香蕉與太妃糖醬製作的派，就叫它「香蕉太妃派」吧！

這款甜點於1972年誕生，英國南岸小鎮義本（Eastbourne）的波爾蓋特（Polegate）的酒吧「The Hungry Monk」，老闆想讓酒吧有道招牌料理，於是與店內廚師一起發明了這個派。把人人都喜愛的香蕉以及煉乳加熱至褐色而成的濃濃太妃糖醬，層層疊放在鬆脆酥皮的派皮上，再擺上香氣四溢的鮮奶油，一推出就立刻成為店內的人氣商品，甚至風靡全英！該店的經典口味是在表面撒上咖啡粉，現在則是改撒香氣更吸引人的巧克力屑。遺憾的是，這間酒吧已在2012年歇業。不過，香蕉太妃派倒是逐漸流傳至世界各地，成為英國的知名點心之一。在超市就能買到專用的太妃糖醬罐頭，讓人在家就可以輕鬆製作，足見這道甜點多受到英國民眾喜愛。

香蕉太妃派必備的焦糖奶油醬罐頭
因為香蕉太妃派大受歡迎，英國甚至推出了專用的焦糖奶油醬。只要使用這個醬，任何人都能在家輕鬆做出不輸店家的好滋味。這款罐頭在英國以外的地區不易購得，買不到的話，用煉乳罐頭隔水加熱即是最方便的替代品。

Maids of Honour

英式蛋塔

這款用千層酥皮做的點心，口感輕盈。起司的微鹹與甜味有著加成的絕妙滋味。剛出爐時趁熱吃，或是放冷後再吃都超級美味！

❖ **材料** 直徑 6cm 的百果餡派模　12 個
→也可用直徑 6cm 的瑪芬蛋糕模代替，以瑪芬蛋糕模的底部製作。

無鹽奶油……30g
細砂糖……40g
蛋……1／2 顆

A
┌ 茅屋起司……50g
│ 蘭姆酒……1 大匙
│ 杏仁粉……15g
│ 肉豆蔻粉……¼ 小匙
│ 檸檬皮（磨碎）……½ 個的量
└ 檸檬汁……1 小匙

冷凍派皮……21cm 見方 2 塊
手粉（高筋麵粉）……適量

❖ **前置作業**

- 奶油置於室溫下回軟。
- 蛋退冰至室溫，打成蛋液。
- 烤盤鋪上烤盤布。
- 烤箱預熱至 210℃。
- 杏仁粉過篩備用。

保存方式
完成後盡快食用。吃不完的話，放入密封容器，冷藏保存 1 天。

❖ **作法**

備料
1 將回軟的奶油倒入調理碗，用木匙拌至柔滑狀。

組合
2 接著加細砂糖，用打蛋器輕拌，再加蛋液混拌。依序加入 A 的材料，用木匙大略拌合。

3 冷凍派皮置於室溫下 10 分鐘，壓擀成原本的一倍大。

4 用沾了手粉、直徑 7cm 的圓形壓模壓派皮，鋪入百果餡派烤模或瑪芬蛋糕模。

5 倒入 2 的填餡，請留意倒太滿會溢出，不好脫模。

烤焙
6 烤箱溫度調低至 200℃，烤 10～15 分鐘。待派皮呈現金黃色、邊緣鼓起即完成。

Banoffi Pie

香蕉太妃派

以鬆脆酥皮結合太妃糖（焦糖）奶油與香蕉、鮮奶油的甜派。
好吃得讓人大呼完美，再也沒有如此對味的組合了！

❖ 材料　直徑 18cm 的派盤　1 個

鬆脆酥皮（p.73）……1塊（250g）
太妃糖醬（請參考下文作法或p.159）
……150～200g
香蕉……2～3根（依個人喜好斟酌）
鮮奶油……250ml
細砂糖……25g
櫻桃酒……1又 ½ 小匙
巧克力（烘焙用）……10g

❖ 前置作業

- 製作鬆脆酥皮，烤好備用。
- 裝飾用的巧克力切碎。
- 香蕉切成2cm厚的片狀。
- 製作太妃糖醬。

> **保存方式**
>
> 完成後盡快食用。吃不完的話，
> 用保鮮膜等包好，冷藏保存1天。

❖ 作法

備料▼ **1** 在鬆脆酥皮底部塗上薄薄一層焦糖奶油醬，擺放香蕉片，再淋上剩下的焦糖奶油醬(a)。

組合 **2** 把調理碗放進另一個裝有冰塊的調理碗，倒入鮮奶油，加細砂糖與櫻桃酒，用打蛋器打至7分發（拿起打蛋器時，不會形成尖角，呈線狀滴落的狀態）。

裝飾 **3** 將**2**的鮮奶油舀至表面蓋住香蕉，以湯匙背面拉出尖角(b)。最後撒上巧克力碎屑即完成。

焦糖奶油醬

此為使用煉乳製作太妃糖醬的速成作法。
火力會影響奶油醬的硬度，最後再用鮮奶油調整軟硬度即可。

❖ 材料　分量　約200g

煉乳……200g
鮮奶油……20ml
無鹽奶油……10g
鮮奶油（調整用）……10ml

❖作法

1 煉乳與鮮奶油、奶油倒入鍋中，以中火加熱。
2 用木匙持續攪煮約10分鐘，煮到煉乳呈現微褐色，小心別煮焦。
3 如果覺得有點變硬，可加入少量鮮奶油，調拌成滑順的狀態。

Queen of Pudding
女王布丁

據說這是當年白金漢宮的御廚專門為
維多利亞女王研發的特製點心，也因
此被冠上了「女王」二字。最近，有
些餐廳或酒吧為這道傳統古老的英式
布丁換上了時尚的外衣，在女王布丁

上使用蛋白霜做出美麗的裝飾，吃起
來就像一道全新的甜點。像這樣以嶄
新的方式享受古早美味，正是今日英
國點心文化的流行趨勢。

❖ 材料　直徑 20 ～ 23cm 的焗烤盤　1 個

吐司……80g
牛奶……400ml
奶油……25g
檸檬皮（磨碎）……1個的量
蛋黃……2個
細砂糖……15g
蛋白……2顆蛋的量
細砂糖……75g
覆盆莓果醬……40g

❖ 前置作業

- 吐司置於室溫下約1小時，使其乾燥。
- 烤盤內側塗上薄薄一層奶油（材料分量外）。
- 烤箱預熱至170℃。

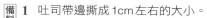

保存方式
完成後盡快食用。吃不完的話，用保鮮膜等包好，冷藏保存1天。

❖ 作法

備料

1 吐司帶邊撕成1cm左右的大小。

2 將牛奶與奶油下鍋，以中火加熱，加檸檬皮，用木匙混拌。待奶油熱融後，關火起鍋。

組合

3 蛋黃與細砂糖倒入調理碗，用打蛋器刮底攪拌。

4 把放涼的 **2** 加進 **3** 裡，再加 **1**，用木匙大略拌合。

烤焙

5 接著倒入焗烤盤，烤箱溫度調低至160℃，烤30～40分鐘。烤至表面上色。

裝飾

6 另取一碗，倒入蛋白，分3次加入細砂糖，邊加邊用打蛋器攪打，打到能拉出直立尖角的狀態。

7 在 **5** 的表面塗抹薄薄一層果醬，放上 **6** 的蛋白霜，用湯匙背面拉出尖角。將烤箱溫度調高至170～180℃，烤15分鐘。等到蛋白霜呈現焦黃色即完成。

🏴󠁧󠁢󠁥󠁮󠁧󠁿 英倫餐桌報告

製作布丁的器具

製作布丁的器具也隨著時代改變。起初是用布丁布直接包裹麵團，綁上繩子炊蒸。後來出現了陶製布丁缽（pudding basin，布丁模），將麵糊倒入缽內，用布包起來蒸。如今已有用耐熱塑膠製成的布丁缽，還附上可密封的蓋子。倒入麵糊後可直接下鍋蒸，用起來相當方便。

Cherry Pie

櫻桃派

這道派來自櫻桃栽培業盛行的南部。
進入採收旺季的櫻桃除了生吃,人們
也喜歡將櫻桃做成果醬長期保存。
雖然英國人經常利用在地生產的作物
作為食材,但一般店家很少會賣這道

點心,當地的食品超市也只有在短暫
的當令期間販售。與其買,不如在家
自己做來得美味。使用方便取得的櫻
桃罐頭也能製作出香氣濃厚的美味櫻
桃派呢!

❖ **材料** 　直徑 18cm 的派盤 　1 個

櫻桃（盡可能使用英國櫻桃）
也可用櫻桃罐頭……300g
細砂糖……100g
杏仁精……1小匙
香草油……1小匙
冷凍派皮……20cm 見方 2 片
糖粉……適量

❖ **前置作業**

- 烤箱預熱至 210℃。

英國櫻桃
英國南部特有的櫻桃。形似美國櫻桃，但果肉較厚，色澤深紅。可用櫻桃罐頭代替，或是到進口食材超市購得。

❖ **作法**

備料

1　製作櫻桃果醬。櫻桃去籽後下鍋，撒入細砂糖(a)。

2　接著加杏仁精與香草油，以小火煮 10 分鐘 (b)。

3　冷凍派皮置於室溫下約 10 分鐘，取 1 片鋪入派盤，用叉子刺數個小洞。倒入放涼的櫻桃果醬 (c)。

組合

4　在 **3** 的派皮邊緣塗抹水（材料分量外），蓋上另 1 片派皮，用刀子修邊（切下的多餘派皮保留備用），以叉子壓合邊緣。

5　用刀子在上方的派皮中心及其他 2～3 處戳洞（幫助熱氣散出），並擺上以備用派皮做成的裝飾葉子（用廚房剪刀等剪出葉子的形狀）。

烤焙

6　烤箱溫度調低至 200℃，烤 30 分鐘。放涼後，表面撒上糖粉裝飾。

保存方式
完成後盡快食用。吃不完的話，用保鮮膜等包好，冷藏保存 1 天。

Battenburg Cake

巴騰堡蛋糕

用杏仁膏包覆對比色搶眼的雙色海綿蛋糕。一刀切下，美麗的格紋切面立現！

在維多利亞時代，巴騰堡蛋糕要用三色製作，尺寸比起現在的雙色版大上許多，因此又有別名為「棋盤蛋糕」。據說這款蛋糕是宮廷御廚為了維多利亞女王的孫女與德國巴騰堡的路易斯親王（Prince Louis Alexander of Battenberg）於1884年舉行的婚宴而特別設計的點心，在扎實厚重的蛋糕外裹上甜蜜的杏仁膏，甜香的蛋糕因為鮮豔的配色與杏仁膏，變得更具德式風味。

第一次世界大戰期間，因反德呼聲高漲，路易斯親王還將自己的名字改成更像英國名的路易斯・亞歷山大・蒙巴頓（Louis Alexander Mountbatten），不過這款美麗又迷人的蛋糕仍保留巴騰堡之名流傳至今。

❖ 材料　15×6× 高 6cm　1 條

無鹽奶油……160g
細砂糖……160g
蛋……2顆
牛奶……2大匙
低筋麵粉……160g
泡打粉……½ 大匙

＊紅色蛋糕體
紅色食用色素……適量
玫瑰水（若手邊有，建議加入，p.40）……¼
小匙

＊原色蛋糕體
香草精……¼ 小匙
杏仁油……¼ 小匙
杏仁膏（p.104）……250g
糖粉（防止杏仁膏沾黏用）……適量
杏桃果醬……適量

❖ 前置作業

- 製作杏仁膏。
- 奶油置於室溫下回軟。
- 蛋退冰至室溫。
- 烤模內鋪入白報紙，配合烤模寬度，用厚紙板製作隔板，包上鋁箔紙，插在中央。
- 烤箱預熱至190℃。

保存方式

放入密封容器，冷藏保存5天，夏季為3天。食用1小時前，從冰箱取出退冰至常溫。開始入味的第3天是最佳品嚐時機。

❖ 作法

備料

1 奶油倒入調理碗，用手提式電動攪拌器打至柔滑狀。

2 分3次加入細砂糖，每加一次都要用攪拌器低速刮底攪拌。

組合

3 另取一碗，把蛋打成蛋液，加牛奶混合，少量加入 **2**，邊加邊用攪拌器低速拌合。

4 低筋麵粉與泡打粉混合，篩入 **3** 裡，用木匙大略混拌。

5 將 **4** 的麵糊分成 **2** 等分，分裝在兩個調理碗。

6 在其中一碗麵糊滴數滴紅色食用色素，攪拌均勻。少量的色素就會讓顏色變很深，加的時候請視狀態少量地加。再加玫瑰水拌合。另一碗麵糊加入香草油與杏仁油，用木匙拌至呈現光澤感的狀態。

烤焙 **7** 把麵糊分別倒入已放有隔板的方形烤模，烤箱溫度調低至180℃，烤30分鐘（倒麵糊時，請一手按住中間的隔板，以免隔板的位置偏移）(a)。用竹籤插入蛋糕中央，若無沾黏即可出爐。

8 放涼後脫模，置於網架上冷卻。將紅色及原色海綿蛋糕各自切成2條2.5cm見方的條狀。

組合 **9** 杏仁膏放在已撒了糖粉的平台上，用擀麵棍壓成3～5mm的厚度，切成15×25cm的四方形。

10 杏仁膏塗上杏桃果醬，把4條海綿蛋糕放在邊端，交疊成格子狀。蛋糕之間會接觸到的面記得要刷上杏桃果醬，增加密合度(b)。

11 滾捲杏仁膏，包覆蛋糕(c)。多出的杏仁膏用刀子切除(d)，抓捏邊角收合，以手指將四個角輕輕捏整成直角。

裝飾 **12** 表面用刀子輕輕斜劃出格紋，兩側劃出波浪狀。切成約2cm寬的片狀享用。

杏仁膏

甜甜的杏仁膏也自己動手做，吃起來更加美味。

❖ **材料**　完成的量　約250g

蛋……1／2顆
杏仁精……1／2小匙
蘭姆酒……1／2小匙
杏仁粉……110g
糖粉……110g

❖ **作法**

1 蛋液倒入調理碗，加杏仁精與蘭姆酒。
2 杏仁粉與糖粉混合，篩入 **1** 內，用木匙拌勻。
3 調理碗包上保鮮膜，放進冰箱冷藏30分鐘。

❖ **前置作業**

• 蛋退冰至室溫，打成蛋液。

作法→p.107

Chocolate Pudding

巧克力布丁

你知道嗎？可可是世界上最古老的食材之一呢！

相傳西元前1000年左右，墨西哥人已開始食用可可豆，馬雅文明時期就有栽種可可樹的紀錄。據說，可可豆起初由哥倫布引入歐洲，因為具有藥效，被藥劑師當成藥材，當時只有上流階層才能食用。後來，可可變成普及的飲品，1657年，倫敦第一家巧克力屋正式開業。隨著技術的進步，巧克力從液態變成固態，被應用於點心的製作，成為一般民眾生活中不可或缺的食材。自英國南岸傳入的可可，儘管時光流轉，仍是英國人最喜愛的布丁口味之一。

❖ **材料**　容量 500ml 的布丁缽，或是調理碗　1 個
　　　　→也可用有深度的耐熱碗代替。

無鹽奶油……40g
黑糖……40g
蛋……1顆

A │ 低筋麵粉……30g
　 │ 泡打粉……½ 小匙
　 │ 可可粉（無糖）……1大匙

B │ 烘焙用巧克力……90g
　 │ 細砂糖……20g
　 │ 鮮奶油……70ml

❖ **前置作業**

- 巧克力大略切碎備用。
- 布丁缽內側塗上薄薄一層奶油（材料分量外），配合碗底大小，鋪入剪成圓形的烤盤紙。
- 奶油置於室溫下回軟。
- 蛋退冰至室溫，打成蛋液。
- 準備 1 張鋁箔紙，剪成比布丁缽直徑長 7cm 的圓形。

保存方式
完成後盡快食用。吃不完的話，用保鮮膜包好，常溫保存 1 天。

❖ **作法**

備料 **1** 蒸鍋加熱水，以中火加熱保溫。

2 把回軟的奶油倒入調理碗，用打蛋器打至柔滑狀。

組合 **3** 接著加黑糖，用打蛋器刮底攪拌。

4 再加蛋液，分 3 次加，每加一次都要用打蛋器拌勻。

蒸炊 **5** 將 A 混合後篩入碗內，用木匙大略混拌。拌的時候不要攪，待麵糊變得滑順，倒入布丁缽，蓋上鋁箔紙，放進蒸鍋以中火蒸 1 小時。

6 用竹籤插入中心，若無沾黏即完成。布丁缽倒置，用竹籤在缽與布丁之間戳幾下，靜待脫模。

裝飾 **7** 另取一碗，倒入 B，隔水熱融，淋在 **6** 上。分切後趁熱享用。如果變冷了，重新微波加熱即可。

Lardy Cake

豬油蛋糕

這道口感扎實的點心，據說源自英國
南部威爾特郡（Wiltshire）、牛津郡
（Oxfordshire）等養豬業發達的地區。
以加了豬油（lard）的麵團包入果乾烤
製而成，有時被稱為豬油麵包。這道
夠分量、又甜又油的匈牙利食物，在
勞動人口多的地區相當常見。各家做

出來的豬油蛋糕熱量不一，但有時一
片蛋糕就將近200大卡。通常是用不
要的便宜豬油製作，吃起來很有飽足
感，能夠應付嚴苛的勞動環境，是經
濟實惠的平民美食。

❖ **材料** 直徑 18cm 的圓形　1 個

A
| 酵母粉⋯⋯1 小匙
| 三溫糖⋯⋯1 小匙
| 熱水⋯⋯150ml

高筋麵粉⋯⋯225g

鹽⋯⋯½ 小匙

豬油⋯⋯10g

B
| 豬油⋯⋯40g
| 三溫糖⋯⋯25g

手粉（高筋麵粉）⋯⋯適量

C
| 葡萄乾⋯⋯40g
| 醋栗⋯⋯30g
| 橙皮⋯⋯30g

❖ **前置作業**

* 熱水加熱至接近肌膚溫度。
* 烤模內鋪入白報紙。

保存方式
　　放入密封容器，常溫保存 5 天。

❖ **作法**

備料

1 將 A 混合，靜置 15 分鐘。

2 低筋麵粉與泡打粉混合，篩入調理碗。接著加豬油，用刮板切拌成鬆散的細沙狀。再加 **1**，用刮板混拌。

組合

3 將 **2** 的麵團用手揉整成光滑的團狀。放進調理碗，包上保鮮膜，放在已預熱至 40℃ 的烤箱或窗邊等溫暖的地方 1 小時（讓麵團膨脹為原本的 1.5 倍左右）。

4 把麵團放在撒了手粉的平台上，用擀麵棍壓成 30×23cm，把 B 的豬油捏成 1cm 左右的小丁撒在麵團上，再撒上三溫糖。

5 接著撒上 C，從兩側各折三折。

6 上下也折三折，收口朝下，放入烤模。放在已預熱至 40℃ 的烤箱或窗邊等溫暖的地方 40 分鐘（讓麵團膨脹為原本的 1.5 倍左右）。

烤焙

7 烤箱預熱至 190℃。

8 再把豬油（材料分量外）捏成約 1cm 的小丁，撒在表面的 4～5 處，烤箱溫度調低至 180℃，烤 30 分鐘。烤到表面呈現金黃色即完成。

Eton mess

伊頓雜糕

這道點心的名稱取自英國公共學校中的名校伊頓公學。據說有位母親將親手製作的點心送去給就讀伊頓公學的兒子，途中不小心砸壞了。不過兒子吃了相當喜歡，之後便以「伊頓雜糕」之名流傳開來。1930年左右，正式在伊頓公學的福利社開始販賣。Mess意指「一團亂」，如同其名，吃這道甜點時，就是要把蛋白餅碎片與鮮奶油、草莓攪成一團，然後一次吃下三種口感與滋味的點心。夏天參加戶外音樂會或舞台劇時，常見人們當場購買後用湯匙現攪現吃。

❖ **材料** 容量180ml的玻璃杯　4個

蛋白……60g
檸檬汁……1小匙
細砂糖……110g
糖粉……適量
草莓……200g

A | 鮮奶油……300ml
細砂糖……25g
櫻桃酒……2小匙

❖ **前置作業**

- 草莓洗淨後，切成方便入口的大小備用。
- 擠花袋裝上擠花嘴。
- 烤盤鋪上烤盤布。
- 烤箱預熱至120℃。

保存方式
完成後盡快食用。吃不完的話，用保鮮膜包好，冷藏保存1天。

❖ **作法**

組合 **1** 蛋白倒入調理碗，加檸檬汁，細砂糖分3次加入，邊加邊用手提式電動攪拌器攪打，打到變成有尖角直立的蛋白霜。

2 將**1**填入擠花袋，在烤盤上擠出直徑2.5cm的圓形。

烤焙 **3** 用濾茶網在**2**的上方均勻篩撒糖粉，靜置2～3分鐘，再撒一次（這樣可防止烤好的蛋白餅表面出現龜裂）。烤箱溫度調低至110℃，烤60～80分鐘。邊烤邊觀察，以免烤上色（如果覺得可能會烤上色，將溫度調低至100℃）。

4 檢查蛋白餅的底部，烤乾即完成。從烤箱取出，置於網架上冷卻。

5 在裝有冰塊的調理碗內放另一個調理碗，倒入A，用手提式電動攪拌器打至6分發（拿起攪拌器時，鮮奶油質地濃稠，呈緞帶狀滴落的狀態）。

裝飾 **6** 玻璃杯裡依序擺放¼量的蛋白餅、¼量的鮮奶油、¼量的草莓。其他3杯也是這麼擺。最後撒上糖粉。

Sally Lunn

沙麗蘭麵包

沙麗蘭（Sally Lunn）之名，來自一位在 1680 年左右自法國逃難到巴斯的年輕女性，她找到一份麵包店的工作，並將法式布里歐麵包（Brioche）的作法帶到了英國。這種麵包口感輕甜醇香、大而鬆軟，與當時英國的麵包差異甚大，於是大受歡迎。1930 年代，店家在現為博物館的地下室廚櫃中發現了這款麵包的食譜，才又重新找回

失傳的這道美食。店家二樓的廚房至今仍遵循那帖祕方製作。沙麗蘭麵包在當時已是巴斯下午茶的必備茶點，如今店內的奶油茶點與開放式三明治*（open sandwich）也成為高人氣餐點了！

＊又稱單片三明治，在單片麵包或吐司上擺放餡料即完成。

❖ **材料**　直徑 18cm 的圓形　1 個

A
- 酵母粉……1小匙
- 牛奶……25ml
- 細砂糖……5g

高筋麵粉……350g
鹽……½小匙

B
- 牛奶……175ml
- 蛋……1顆

無鹽奶油……25g

❖ **前置作業**

- 牛奶加熱至接近肌膚溫度。
- 蛋退冰至室溫，打成蛋液。
- 將 B 拌勻備用。
- 奶油置於室溫下回軟。
- 烤盤鋪上烤盤布。

保存方式
用保鮮膜包好，放入密封容器，
常溫保存 4 天。

❖ **作法**

備料
1　將 A 混合，靜置約 15 分鐘。

2　高筋麵粉與鹽拌合，篩入調理碗。

組合
3　加入 **1**，用木匙大略混拌，再加 B，用木匙大略混拌。大致成團後，把奶油捏成 2cm 左右的小丁，用手搓揉，收整成圓形。

4　調理碗包上保鮮膜，放在已預熱至 35～40℃的烤箱或窗邊等溫暖的地方 30～40 分鐘（讓麵團膨脹為原本的 1.5 倍左右）。

烤焙
5　烤箱預熱至 190℃。

6　麵團放入烤箱，烤箱溫度調低至 180℃，烤 20 分鐘。烤到表面呈現金黃色即完成！自烤箱取出後，置於網架上冷卻。

🇬🇧 英倫餐桌報告

品嚐道地的沙麗蘭麵包

1 沙麗蘭麵包的創始店。地下室現為小型博物館。**2** 大又鬆軟的沙麗蘭麵包，每個都是裝盒販售。**3**、**4** 沙麗蘭麵包店的開放式三明治，分量十足。還有沙麗蘭麵包店的奶油茶點。

作法→p.118

Victoria Sandwich Cake

維多利亞蛋糕

在二塊海綿蛋糕中間抹上果醬的這道糕點，是英國下午茶的基本款點心。這款蛋糕能冠上十九世紀統治大英帝國的維多利亞女王（1819～1901）之名，可見其在英國點心界不容忽視的地位。

維多利亞女王執政長達六十四年，在她統治的期間，英國工業革命成功、成為海上霸權，並積極拓展殖民地，迎來日不落國的全盛時期。維多利亞女王肩負著統治大英帝國的重責大任，丈夫艾伯特王夫（Albert Prince Consort）於公於私都全力支持著她。女王二十一歲時與他成婚，兩人育有九子，可説是國民心目中的理想家庭。然而，就在女王四十二歲時，艾伯特王夫因病驟逝。悲痛不已的女王歸隱兩人鍾愛的懷特島（Isle of Wight）奧斯本莊園（Osborne House），成日穿著喪服，遠離政務十多年。當時莊園的廚師經常用女王最愛的果醬搭配海綿蛋糕做成這道糕點，來撫慰傷心的女王。

到了七〇年代，女王總算重返執政，但她在1987年的登基五十周年紀念典禮上仍一身黑衣，似乎尚未走出哀傷，令國民感到沮喪。十年後，當她參加登基六十周年登基鑽禧（Diamond Jubilee）大遊行時，整個人煥然一新。穿戴來自殖民地的寶石與華服現身的女王，向國民展示她已經振作起來。當時在懷特島奧斯本莊園舉辦的派對上也出現了維多利亞蛋糕。這道撫平女王喪夫之慟的點心，為女王的重新出發獻上了祝福。

如今，在奧斯本莊園的茶屋仍可品嚐到維多利亞蛋糕。這款蛋糕隨著女王的回歸，成為全英國人喜愛的點心。

英倫餐桌報告

奧斯本莊園

1 位於懷特島的奧斯本莊園。2 奧斯本莊園的鄉村司康與維多利亞蛋糕。3 科茨沃爾德的維多利亞蛋糕。令人驚訝的大分量！這可是鄉村蛋糕的特色喔！

作法→p.119

Golden Syrup & Black Treacle

金黃糖漿&黑蔗糖漿

這種褐色糖蜜是英國的傳統糖漿，是砂糖煉製過程中的副產物。金獅（LYLE'S）糖漿在英國很有名，獅子商標的罐頭處處可見，已融入英國人的生活。1881年，金獅創始人亞伯蘭·萊爾（Abram Lyle）與三個兒子攜手在泰晤士河畔創立製糖工廠。他們發現在砂糖的煉製過程中會產生糖蜜，於是將其裝入木桶，命名為「Goldie」開始販賣。推出後立即受到好評，很快就在倫敦的店家裝罐販售。商標的金獅引用自《舊約聖經》，這個從1885年到現在都沒改過的商標，已被認證為世界最古老的品牌之一，於2007年列入金氏世界紀錄。此外，金獅也在1922年榮獲皇家認證（Royal Warrant of Appointment）。數年後，金獅又在1950年推出了紅罐包裝黑蔗糖漿，與金黃糖漿共同為英國傳統味道代言。

罐身標籤上是被蜜蜂圍繞的獅子屍體，令人感到震撼！這個插畫是根據《聖經》的一段故事而來。名叫參孫的男子殺了一頭獅子，結果獅身引來蜜蜂群築巢，當中出現了一句謎語「食物出自食者，蜜出自強者？（Out of the eater came forth meat, and out of the strong came forth sweetness？）」。這句話的意思是「令你痛苦的強敵，有時也會成為最好的助力」，萊爾先生很喜歡這句話，所以將之放入商標。讓人有點不舒服的死獅子，原來隱含了深刻的人生道理。

金黃糖漿 Golden Syrup（綠色包裝）

近來在日本也可以輕鬆取得，在台灣的話，進口超市或食材行偶爾會進貨。使用這款糖漿的英國點心很多，也可直接淋在鬆餅或烤奶酥、冰淇淋、優格或水果上一起吃。比楓糖漿溫潤的甜味與香味是其特徵。

→糖蜜餡塔（p.53）、糖漿海綿蛋糕布丁（p.116）等皆有使用。

黑蔗糖漿 Black Treacle（紅色包裝）

如同其名，呈現黑褐色的糖蜜。精製度較金黃糖漿低，色澤深暗為特徵，嚐起來有獨特的苦澀味。因為購買不易，可用糖蜜（molasses）代替。

→麥片薑汁鬆糕（p.42）、聖誕布丁（p.150）等皆有使用。

Victoria sandwich Cake

維多利亞蛋糕

甜而不膩的海綿蛋糕，夾入果醬的簡單糕點。口感濕潤，搭配紅茶相當對味。
不分季節，各種尺寸都買得到，從多人共享到單人獨享都有，一款糕點可配合人
數提供各種尺寸，足見其受歡迎的程度。

❖ **材料**　直徑 12cm 的圓形模　1 個

無鹽奶油……100g
細砂糖……90g
蛋……2 顆
香草油……4～5 滴
低筋麵粉……80g
杏仁粉……20g
覆盆莓果醬……40g
糖粉……適量

❖ **前置作業**

- 奶油置於室溫下回軟。
- 蛋退冰至室溫，打成蛋液。
- 烤模內鋪入白報紙。
- 烤箱預熱至 190℃。

保存方式
放入密封容器，常溫保存 3 天。

❖ **作法**

備料

1　奶油倒入調理碗，用木匙拌至柔滑狀。

2　細砂糖分 3 次加，每加一次都要用木匙刮底攪拌。

組合

3　另取一碗，倒入蛋液與香草油混合，然後分 3 次加進 **2**
　裡，用木匙拌勻。

4　接著將低筋麵粉與杏仁粉拌合，篩入 **2** 的調理碗，用
　木匙拌至呈現光澤感的狀態，倒入烤模。

烤焙

5　烤箱溫度調低至 180℃，烤 20～25 分鐘。用竹籤插入中
　心，若無沾黏即完成。放涼後脫模，置於網架上冷卻。

6　蛋糕變冷後，對半橫切，一半均勻塗抹覆盆莓果醬
　(a)，蓋上另一半 (b)，上方撒適量糖粉作為裝飾。

Syrup Sponge Pudding
糖漿海綿蛋糕布丁

使用了金黃糖漿的海綿蛋糕布丁，是蒸布丁當中最受歡迎的一款，大人小孩都喜歡。除了下鍋蒸，也可用烤箱烤，近來甚至還有用微波爐的作法。雖然都叫糖漿布丁，口感還是略有差異。英國人普遍還是偏愛古早味的蒸布丁。

❖ **材料**　直徑 14cm 的圓形　2 個*
　　　　 或是直徑 7cm 的布丁杯　5 個*

金黃糖漿（p.117）……60g
無鹽奶油……110g
細砂糖……110g
蛋……2 顆
香草油……4〜5 滴
牛奶……2 大匙
檸檬皮（磨碎）……1 個的量
檸檬汁……½ 小匙
低筋麵粉……130g
泡打粉……½ 小匙
卡士達醬（p.159）……適量

❖ **前置作業**

• 奶油置於室溫下回軟。
• 蛋退冰至室溫，打成蛋液。
• 烤模內側塗上薄薄一層奶油（材料分量外）。
• 將烤盤紙與鋁箔紙剪成比布丁缽或布丁杯大的圓形（布丁缽的話是比直徑大 7cm 左右，布丁杯則是大 5cm 左右）。
• 製作卡士達醬。

＊直徑 14cm 的圓形 2 個（布丁缽 500ml×2 個）
　蒸烤時間 1〜1 小時 30 分鐘。
＊直徑 7cm 的布丁杯 5 個（布丁缽 150ml×5 個）
　蒸烤時間 25〜30 分鐘。
○布丁缽……布丁專用模。也可用耐熱調理碗等替代。

保存方式
完成後盡快食用。吃不完的話，
用保鮮膜包好，常溫保存 2 天。

❖ **作法**

備料 **1** 在每個布丁缽（或布丁杯）倒入等量的金黃糖漿。

2 奶油放入調理碗，用手提式電動攪拌器打至柔滑狀。

3 分 3 次加入砂糖，每加一次都要用攪拌器刮底攪拌。

組合 **4** 另取一碗，倒入蛋液與香草油拌合，分 3 次加進 **3** 裡，用攪拌器以低速刮底攪拌。

5 再加牛奶、檸檬皮和檸檬汁，低筋麵粉及泡打粉拌合後篩入，用木匙拌至呈現光澤感的狀態。

6 將 **5** 的麵糊倒入布丁缽（或布丁杯），蓋上裁剪好的烤盤紙，以橡皮筋固定。在裁好的鋁箔紙中央做一個凹折，放到烤盤紙上，同樣以橡皮筋固定。

蒸炊 **7** 在大鍋內注入高度 5cm 的水量，擺好蒸架、放上 **6**，蓋上鍋蓋以中火蒸烤（請參閱上方＊説明）。過程中若水量變少，請適量添加熱水。

8 用竹籤插入中央，若無沾黏即完成。布丁缽（或布丁杯）倒扣、脫模。淋上卡士達醬享用。

作法→p.122

Old Fashioned Bread Pudding

懷舊麵包布丁

初次見到這款布丁是在麵包店。剛出爐的麵包接連上架，這款非烤焙點心也非蛋糕的奇妙麵包布丁就混在其中。不過，這款布丁本來就是用撕成小塊的麵包加蛋液烤製而成，出現在麵包店也很正常啦！這道美味的布丁融合了英國人善用食材的生活智慧。和使用切片麵包的奶油麵包布丁不同，屬於烤布丁。酥脆的表面搭配濕潤的內部組織，一次提供雙重口感好滋味。烤好後請趁熱享用！

Cornish Rock Cake

康瓦爾岩石餅

南部的康瓦爾郡貿易興盛，種類豐富的果乾都匯集在此。這款岩石餅大量使用果乾烤製，凹凸不平的表面宛如岩石，故得此名。麵團不用手揉，而是直接舀入烤盤。作法比司康還簡單！也因此被稱為速成簡易的岩石餅。飲茶時間如果想再吃點什麼，這個點心最適合！

121

Old Fashioned Bread Pudding

懷舊麵包布丁

❖ **材料** 15×11cm 的耐熱碗　1個

吐司……1片（80g）
無鹽奶油……30g
黑糖……30g
綜合香料（p.154）……½小匙
肉桂粉……1小匙
蛋……2顆
牛奶……100ml
香草油……4～5滴
葡萄乾……30g

❖ **前置作業**

- 吐司置於室溫下1天，使其乾燥。
- 奶油隔水熱融。
- 蛋退冰至室溫，打成蛋液。
- 耐熱碗內側塗上薄薄一層奶油（材料分量外）。
- 烤箱預熱至190℃。

> **保存方式**
> 完成後盡快食用。吃不完的話，用保鮮膜包好，冷藏保存1天。

❖ **作法**

備料
1 吐司帶邊撕成2cm左右的大小，放入調理碗(a)。

2 接著淋上熱融的奶油。

組合
3 將黑糖、綜合香料及肉桂粉混合，篩入另一個調理碗。

4 蛋液、牛奶和香草油拌合，少量地加進**3**裡，邊加邊用打蛋器輕輕攪拌。

5 把**4**倒進**2**的碗裡，加葡萄乾，用叉子或木匙大略混拌(b)，靜置15分鐘。

烤焙
6 接著倒入耐熱碗，烤箱溫度調低至180℃，烤20～30分鐘。

7 烤到表面呈現焦黃色即完成。

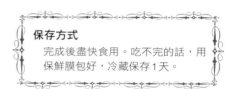

Cornish Rock Cake

康瓦爾岩石餅

❖ **材料**　直徑 7cm　8 塊

低筋麵粉⋯⋯ 125g
泡打粉⋯⋯ 2 小匙
三溫糖⋯⋯ 60g
無鹽奶油⋯⋯ 60g

A ┃ 葡萄乾⋯⋯ 50g
　 ┃ 醋栗⋯⋯ 50g
　 ┃ 橙皮⋯⋯ 30g

蛋⋯⋯ ½ 顆
牛奶⋯⋯ 300ml

❖ **前置作業**

- 奶油切成 2cm 左右的骰子狀，放進冰箱冷藏備用。
- 蛋退冰至室溫，打成蛋液。
- 烤盤鋪上烤盤布。
- 烤箱預熱至 200℃。

保存方式
　放入密封容器，常溫保存 3 天。

❖ **作法**

備料

1 低筋麵粉與泡打粉、三溫糖拌合，篩入調理碗。

2 加奶油，用刮板切拌成鬆散的細沙狀。

組合

3 再加 A，用木匙大略混拌，加蛋液與牛奶，拌和成團 (a)。

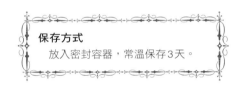

4 把麵團舀入烤盤，整理成直徑 6cm 左右圓形 (b)。夏天時製作，請放進冰箱冷藏 30 分鐘再進烤箱。

烤焙

5 烤箱溫度調低至 190℃，烤 5 分鐘，再以 180℃ 烤 5～10 分鐘。

6 烤到表面呈現金黃色即完成。取出後置於網架上冷卻。

作法→p.126

Devonshire Splits

德文郡開花麵包

德文郡的居民會用酵母製作輕盈柔軟的小麵包，夾入自製果醬與新鮮奶油享用，是下午茶中常見的點心，有獨特的風味，與司康口感不同。可以在德文郡當地的食品市場上買到，但在其他地區卻很少見。用鄉下人家的點心度過飲茶時光也是不錯的選擇。

作法→p.127

Bath Buns

巴斯小圓麵包

這款麵包誕生於語源為「浴池」的巴斯市（Bath）。將甜味麵團烤成小巧的圓麵包。表面撒上粗粒砂糖，有時也會擺放醋栗裝飾。其原由眾說紛紜，最具公信力的說法是十八世紀的物理學家威廉・奧利弗（Mr.William Oliver）在巴斯用酵母做出了巴斯圓麵包，其原型來自「巴斯蛋糕」（不加酵母的烤焙點心）。現在，巴斯的各家茶屋都將巴斯小圓麵包與紅茶組成套餐販售，已成為當地的特色餐點。

🇬🇧 英倫餐桌報告

常年深受歡迎的巴斯小圓麵包

1 巴斯茶屋的廣告立牌上，司康與巴斯麵包並列。**2** 店家的櫥窗展示了許多巴斯小圓麵包。不僅觀光客視為必吃美食，連當地人也很愛。

Devonshire Splits
德文郡開花麵包

❖ **材料**　長 10cm 的橢圓形　5 個

A | 酵母粉……1 大匙
熱水……110ml
細砂糖……35g

高筋麵粉……250g
鹽……¼ 小匙
蛋……½ 顆
無鹽奶油……25g

鮮奶油……300ml
細砂糖……25g
覆盆莓果醬……150g
糖粉……適量

❖ **前置作業**

- 擠花袋裝上擠花嘴。
- 熱水加熱至接近肌膚溫度。
- 奶油置於室溫下回軟。
- 蛋退冰至室溫，打成蛋液。
- 烤盤鋪上烤盤布。

保存方式
　放入密封容器，常溫保存 3 天。

❖ **作法**

備料

1 把 A 倒入調理碗混合，靜置約 15 分鐘。

組合

2 高筋麵粉與鹽拌合，篩入另一個調理碗。再加 **1** 和蛋液，用木匙大略混拌。拌至大略成團後，加進奶油，使力搓揉。

3 包上保鮮膜，放在已預熱至 30～40℃的烤箱或窗邊等溫暖的地方 30 分鐘。

4 待麵團膨脹為原本的 1.5 倍左右，用切麵刀或刀子切成 5 等分，用手輕輕搓圓，收口朝下，收整成橢圓形，放入烤盤。包上保鮮膜，放在已預熱至 30～40℃的烤箱或窗邊等溫暖的地方 30 分鐘。

烤焙

5 烤箱預熱至 190℃。

6 再將溫度調低至 180℃，放入 **4**，烤 10～15 分鐘。

7 烤到表面呈現金黃色即完成，置於網架上冷卻。

裝飾

8 在裝有冰塊的調理碗內放入另一個調理碗，倒入鮮奶油與細砂糖，用打蛋器打至 8 分滿（拿起打蛋器時，鮮奶油可拉出直立的尖角）。

9 在 **7** 的麵包中央劃一刀，塗抹 30g 的覆盆莓果醬，擠入 **8** 的鮮奶油。依個人喜好用濾茶網篩撒糖粉做裝飾。剩下的麵包也是這樣做。

Bath Buns

巴斯小圓麵包

❖ 材料　直徑10cm　5個

A
酵母粉……2小匙
牛奶……60ml
熱水……60ml
細砂糖……1小匙
高筋麵粉……60g

B
高筋麵粉……170g
鹽……½小匙
細砂糖……40g

蛋……1顆
無鹽奶油……30g
葡萄乾……80g
橙皮……30g

手粉（高筋麵粉）……適量
珍珠糖……適量
→小顆粒的砂糖。可至烘焙材料行購得。

❖ 前置作業

• 熱水與牛奶加熱至接近肌膚溫度。
• 奶油置於室溫下回軟。
• 蛋退冰至室溫，打成蛋液。
• 烤盤鋪上烤盤布。

保存方式
放入密封容器，常溫保存3天。

❖ 作法

備料

1 A倒入調理碗混合，靜置15分鐘。

2 將B拌合，篩入另一個調理碗。

組合

3 把 **1** 加進 **2** 裡，用木匙大略混拌。

4 再加蛋液，大略混拌，接著加奶油、葡萄乾與橙皮。

5 手沾取些許手粉，搓揉麵團。等到麵團呈現光澤感、有延展性即完成（這個麵團會比較黏）。

6 麵團放進調理碗，包上保鮮膜，放在已預熱至30～40℃的烤箱或窗邊等溫暖的地方1小時（讓麵團膨脹為原本的1.5～2倍左右）

7 把麵團放在撒了手粉的平台上，用切麵刀或刀子切成5等分，用手輕搓成圓球，收口朝下，放入烤盤。包上保鮮膜，放在已預熱至30～40℃的地方30分鐘。

烤焙

8 烤箱預熱至190℃。

9 在麵團表面刷塗牛奶（材料分量外），撒上珍珠糖。烤箱溫度調低至180℃，烤10～15分鐘。

10 烤到表面呈現金黃色即完成，自烤箱取出後，置於網架上冷卻。

作法→p.130

Saffron Buns

番紅花圓麵包

在康瓦爾郡，番紅花麵包是祭典或教會活動等特殊節日才會出現的食物。上面塗抹康瓦爾凝脂奶油（Cornish cream），是復活節前的聖週五（Good Friday）的主要食物。這款顏色偏黃的小圓麵包加了番紅花，是當時最貴重的香料。番紅花過去也被作於藥用，因為價格昂貴，有時還可以用番紅花取代金錢進行交易。十七至十八世紀間，經常用在料理中，直到出現了其他便宜且種類豐富的香料，番紅花才逐漸被取代。近年來，市面上也開始販售添加了可食用色素的深黃色番紅花麵包。

作法→p.131

Chelsea Buns

切爾西麵包

呈現漩渦狀的可愛造型,一次可以做很多個,真的很棒!這是十八世紀倫敦切爾西的「圓麵包屋」(The Bun House)特製的麵包。把加了酵母的麵團壓平,撒上大量的果乾與砂糖,捲起來後切片、整形排列好送入烤箱。甜麵包搭配綜合香料形成滿滿英式風味的組合。常見於茶屋或街邊攤販,是搭配紅茶一起吃的人氣麵包。

番紅花圓麵包

❖ **材料**　直徑 10cm　4 個

A | 牛奶…… 100ml
　 | 番紅花……4～5 根

B | 酵母粉……1 小匙
　 | 細砂糖……1 小匙
　 | 牛奶……2 大匙

C | 高筋麵粉……160g
　 | 細砂糖……30g
　 | 鹽……1 小匙

蛋……½ 顆
醋栗……25g

❖ **前置作業**

- 牛奶加熱至接近肌膚溫度。
- 烤盤鋪上烤盤布。
- 蛋退冰至室溫，打成蛋液。

保存方式
　放入密封容器，常溫保存 3 天。

❖ **作法**

備料 **1** 將 A、B 分別倒入調理碗混合，靜置 15 分鐘。

2 把 C 混合，篩入另一個調理碗，加 A 和 B，用木匙大略混拌。

組合 **3** 倒蛋液、加醋栗，用手使力搓揉約 10 分鐘（原本很軟的麵糊慢慢變硬成團）。

4 放在已預熱至 40℃的烤箱或窗邊等溫暖的地方 1 小時（讓麵團膨脹為原本的 1.5～2 倍左右）。再加醋栗，輕輕搓揉。

5 麵團用切麵刀或刀子切成 4 等分，用手輕搓成圓球，收口朝下，排在烤盤上。包上保鮮膜，放在已預熱至 30～40℃的地方 30 分鐘。

烤焙 **6** 烤箱預熱至 190℃。

7 將溫度調低至 180℃，烤 10 分鐘。烤到表面呈現金黃色即完成，自烤箱取出，置於網架上冷卻。

Chelsea Buns
切爾西麵包

❖ **材料** 直徑 6cm　9 個
（使用直徑 21cm 的烤盤製作）

A
| 酵母粉……1大匙
| 細砂糖……5g
| 牛奶……55ml

B
| 高筋麵粉……175g
| 鹽……½ 小匙
| 細砂糖……25g

蛋……1 顆
無鹽奶油①……25g

C
| 果乾……120g
| （葡萄乾、醋栗等，依個人喜好選用）
| 三溫糖……30g
| 肉桂粉……½ 小匙
| 綜合香料（p.154）……½ 小匙
| 蘭姆酒……½ 小匙

手粉（高筋麵粉）……適量
無鹽奶油②……20g

❖ **前置作業**

- 牛奶加熱至接近肌膚溫度。
- 奶油①置於室溫下回軟。
- 奶油②隔水熱融。
- 蛋退冰至室溫，打成蛋液。
- 耐熱容器內側塗上薄薄一層奶油（材料分量外）。

保存方式
　放入密封容器，常溫保存3天。

❖ **作法**

備料

1 將 A 混合，靜置約 10 分鐘。

2 把 B 混合，篩入另一個調理碗，加蛋液，再加 **1**，用木匙大略混拌。

組合

3 接著加奶油①，拌至完全融入。大致成團後，放在撒了手粉的平台上，以摔打的方式搓揉。等到麵團呈現光澤感、有延展性即完成。

4 麵團放入調理碗，包上保鮮膜，放在已預熱至 30～40℃ 的烤箱或窗邊等溫暖的地方 30 分鐘（讓麵團膨脹為原本的 1.5 倍左右）。

5 另取一碗，倒入 C 拌勻。

烤焙

6 烤箱預熱至 190℃。

7 把 **4** 放在撒了手粉的平台上，用沾了手粉的擀麵棍壓成 30×25cm，表面均勻刷塗熱融的奶油②，撒上 **5**。

8 把 **7** 從靠近自己的這一側捲起，捲到底後，用手指輕輕捏合，收口朝下。用切麵刀或刀子切成 3cm 厚，漩渦狀的切面朝上，排入烤盤。

9 烤箱溫度調低至 180℃，烤 10～15 分鐘。烤到表面呈現金黃色即完成，連同烤盤置於網架上冷卻。

秋 Autumn

Somerset Apple Cake 英格蘭南部
索美塞特蘋果蛋糕

豐收之秋，
大人小孩都愛的蘋果節

10 月 21 日是英國的蘋果節（Apple Day），各地都會舉行採收蘋果的活動。對英國人來說，蘋果是每天便當的必備食物，是生活中不可或缺的水果。每到蘋果熟成期，常會見到數不清的蘋果掉在街道上被車碾碎。在蘋果節這天，擁有許多蘋果樹的國家名勝古蹟或蘋果園都會開放園區，與居民共同舉辦蘋果節的慶祝活動。農家在自家倉庫販賣用新鮮蘋果製作的烤焙點心、派或果醬，都相當受歡迎。當然，更是少不了飲茶專區，大人邊喝茶邊享受秋季豐收的成果。此外，現做的蘋果酒也很好喝，但因為含有酒精，小心別喝過量。不擅喝酒的人或小朋友，就喝100％的美味蘋果汁吧！

現場也會讓小朋友用蘋果做勞作，再將成品掛在樹上，彷彿置身奇幻世界。

農家會提供不同種類的蘋果試吃，吃到喜歡的再秤重買回家。蘋果酒或蘋果汁可裝進禮籃，不少人會買回家當聖誕禮物。

英國的蘋果

英國蘋果個頭小、籽大，是未經改良的老品種。市面上一年會有五種以上的蘋果，到了產季更多達十種以上，不過每個英國人都有自己鍾愛的「My apple！」。便當袋裡丟一顆蘋果，肚子餓了先來顆蘋果。在超市還會看到有人沒結帳就忍不住先咬一口蘋果。

如今，英國也廣為栽種、採收外國品種的蘋果。整年買得到的蘋果種類很多，不分男女老幼或居住地區，蘋果無疑是英國人天天離不開的的國民水果。

英國蘋果概分為兩種

＊食用蘋果（eating apple） 可直接生吃的蘋果。
＊烹飪用蘋果（cooking apple） 酸味強烈，加熱後很好吃。多用於點心、料理、果醬的製作。

蘋果的產季

現在的英國，不分季節都能買到種類豐富的蘋果。但以前院子裡的蘋果樹一旦進入了成熟期，不趕快吃完可就浪費了。於是，每天餐桌上都有蘋果，料理與點心也都會使用蘋果，無論烤奶酥或烤蛋糕都是常見的家傳點心。此外，也會做成吃豬肉料理時少不了的蘋果醬，或是配麵包用的果醬等保存。最常做來賣的就是蘋果蛋糕。相較於做好現吃的烤奶酥，蘋果蛋糕則是烤完後放到第二天使其回油，口感會變得更加濕潤而美味。

❖ 材料　直徑12cm的圓形模　1個

無鹽奶油……60g
三溫糖……40g
黑糖……40g
金黃糖漿（p.117）……1大匙
蛋……1顆
牛奶……2大匙

A
全麥麵粉……50g
低筋麵粉……60g
綜合香料……½小匙
肉桂粉……½小匙
泡打粉……1小匙

蘋果（切成扇形片狀）……170g
（約中型蘋果1顆）

❖ 前置作業

- 奶油置於室溫下回軟。
- 蛋退冰至室溫，打成蛋液。
- 烤模內鋪入白報紙。
- 烤箱預熱至180℃。

❖ 作法

備料
1 奶油放入調理碗，用打蛋器打至柔滑狀。

2 篩入三溫糖與黑糖，用打蛋器刮底攪拌。

組合
3 加金黃糖漿混拌，蛋液分3次加入，每加一次都要拌合。

4 倒入牛奶混拌。

5 把A混合，篩入碗內，用木匙大略混拌。

6 加進蘋果，用木匙拌成柔滑的麵糊。

烤焙
7 將**6**倒入烤模，烤箱溫度調低至170℃，烤40～50分鐘。用竹籤插入中心，若無沾黏即完成。放涼後脫模，置於網架上冷卻。

Northern Ireland / Wales

第5章　北愛爾蘭與威爾斯的點心

水果麵包　　　　　　　　P136

薄煎餅　　　　　　　　　P138

威爾斯起司吐司　　　　　P140

威爾斯小蛋糕　　　　　　P142

愛爾蘭紅茶蛋糕　　　　　P144

愛爾蘭蘇打麵包　　　　　P145

點心的特徵

愛爾蘭是歐洲國家中仍保有古老的凱爾特（Celt）文化的地區，這裡的代表性點心是蘇打麵包。由於氣溫低，製作糕點時發酵不易，所以偏愛以小蘇打取代酵母。此外，以威士忌為底、上面擠上滿滿鮮奶油的愛爾蘭咖啡也很有名。威爾斯的牧羊與酪農業發達，因此有許多使用優質奶油及起司的糕點或料理，風味樸實又充滿在地特色。

遺世獨立，
古老又獨特的特殊飲食文化

　　愛爾蘭島南部的大部分區域是以都柏林（Dublin）為首都的愛爾蘭共和國，北端則是以貝爾法斯特（Belfast）為首都的北愛爾蘭，隸屬於聯合王國（United Kingdom）。一島兩國，文化、語言與人種根源的重疊處很多，飲食文化也是如此。

　　十七世紀中期，護國公奧利佛・克倫威爾（Oliver Cromwell）入侵愛爾蘭後，英國政壇便暗中推動愛爾蘭的殖民地化。1922年，成立了愛爾蘭自由國，但新教勢力占優勢的北部六郡主張留在英國。1998年，愛爾蘭依《貝爾法斯特協議》（Comhaontú Bhéal Feirste）換取大幅度的自治權，放棄了北部六郡的持有權，北愛爾蘭正式成為英國的領地。

　　3月17日的聖派翠克節（St. Patrick's Day）是愛爾蘭舉世聞名的節慶，那天是將基督教傳入愛爾蘭的聖派翠克之忌日，是愛爾蘭共和國的正式節日。當天人們會一邊吃羊肉、馬鈴薯、洋蔥做成的愛爾蘭燉肉，一邊豪飲黑色愛爾啤酒狂歡。深受凱爾特文化影響的這個地區，除了蘇打麵包與紅茶蛋糕等食物，鐵煎盤（p.15）等烹飪器具傳入後也成為愛爾蘭人廚房裡的常見道具。

　　至於1536年被英格蘭合併的威爾斯，以首都卡迪夫（Cardiff）為中心，如今仍遵循著自身獨特的傳統。威爾斯的道路標誌或店名等皆以威爾斯語為主，下方再標出英語。至今，威爾斯語仍是國小的必修課程，由此可見威爾斯人多麼熱愛他們的文化且引以為傲。威爾斯親王的名銜，代代都由英國皇太子冊封，顯見聯合王國的歷史。威爾斯北部有史諾多尼亞（Snowdonia）國家公園，坐擁威爾斯的最高峰斯諾登山（Mount Snowdon），被大自然環繞的這個地區，牧草地遼闊，畜牧業盛行，有著相當知名的起司料理，自古以來就有許多使用優質乳製品的特色點心，像是威爾斯小蛋糕或威爾斯起司吐司，道地的滋味只要吃過一次就難以忘懷。此外，這兒也是英國唯一食用海藻的地方！人們會把海苔放在吐司上，做成萊佛麵包（Laver bread）。涵蓋兩個擁有獨立文化的地區，這樣的英國真是魅力無窮。

Welsh Bara Brith

水果麵包

北威爾斯地區的人最常吃的麵包。
bara是威爾斯語的「麵包」，brith則是
「斑點」，因此又有別名叫「斑點麵包」
（speckled bread）。把剩下的碎麵包
加上醋栗或葡萄乾一起烤，據說就是
這款麵包的起源。這款充滿果物香氣
的甜食分為兩種，一種是類似紅茶蛋
糕（tea bread）的水果蛋糕，另一種

則類似使用酵母做成的麵包。本書介
紹的是從古早時期流傳至今的麵包作
法。耐放是這款水果麵包的特色，冷
卻後切片保存，趁新鮮時抹奶油吃。
放了幾天後，可烤過再抹果醬食用，
若是夏天，就沾上白脫牛奶（p.145）
享用吧！

❖ 材料　25×15cm 的橢圓形　1 個

A
┤
高筋麵粉……300g
鹽……1 小匙
綜合香料（p.154）……½ 小匙

B
┤
牛奶……150ml
酵母粉……2 大匙
細砂糖……25g

無鹽奶油……15g
蛋……1 顆
手粉（高筋麵粉）……適量

C
┤
葡萄乾……100g
醋栗……150g
橙皮……30g

❖ 前置作業

- 牛奶加熱至接近肌膚溫度。
- 奶油切成2cm左右的骰子狀，放進冰箱冷藏備用。
- 蛋退冰至室溫，打成蛋液。
- 烤盤鋪上烤盤布。

保存方式

放入密封容器，常溫保存4天。

❖ 作法

備料
1　將A混合，篩入調理碗。

2　另取一碗，倒入B拌合，靜置約15分鐘（等待酵母冒泡膨發）。

3　加奶油，用刮板切拌成鬆散的細沙狀。

組合
4　接著加2與蛋液，用木匙輕輕混拌。大致成團後，放在撒了手粉的平台上，使力搓揉。用手指撐開麵團，若可拉出透光的薄膜即完成。如果麵團斷掉，就要繼續搓揉。

5　再加C揉拌，收整成橢圓形，放入烤盤。

6　烤盤包上保鮮膜，放在已預熱至30～40℃的烤箱或窗邊等溫暖的地方1小時（讓麵團膨脹為原本的1.5倍左右）。

烤焙
7　烤箱預熱至190℃。

8　將溫度調低至180℃，烤20～30分鐘，烤到表面呈現金黃色即完成。

Pikelets

薄煎餅

威爾斯從十七世紀就有的古早味點心。名為「picklet」或「pyflet」，發音是由bara（威爾斯語的「麵包」）衍生而來。麵糊質地柔軟，不同於英式煎餅，這款煎餅不使用模型，所以形狀扁平。而且不是用烤箱烤，而是舀至鐵煎盤（p.15）上煎烤。當地甚至有名為pikelet stone的專用鐵板，足見人氣之旺。甜度低、表面有小孔是薄煎餅的特色，熱騰騰的煎餅淋上金黃糖漿或沾奶油，可當成早餐或點心，再搭配紅茶一起享用。如今在威爾斯地區及英國北部仍然很受歡迎，各地説法不一，在威爾斯語中的發音似「pi-gu-leed」。

❖ **材料**　直徑 15cm　8 片

酵母粉……2小匙
熱水……150ml
小蘇打……¼小匙
水……1大匙
低筋麵粉……110g
鹽……⅓小匙
蛋白……1顆蛋的量

❖ **前置作業**

• 熱水加熱至接近肌膚溫度。

❖ **作法**

[備料] **1** 酵母粉加熱水調勻，靜置5分鐘。

2 小蘇打加水調勻備用。

[組合] **3** 將低筋麵粉與鹽混合，篩入調理碗，加進 **1**，用木匙輕輕混拌。包上保鮮膜，放在已預熱至30～40℃的烤箱或窗邊等溫暖的地方30分鐘。麵糊會冒泡產生小洞(a)。

4 把打散的蛋白和 **2** 倒入 **3** 裡，用木匙大略混拌成柔滑的麵糊。

[煎烤] **5** 平底鍋以小火熱鍋，放1小匙奶油（材料分量外），用湯杓（或湯匙）舀⅛量的麵糊下鍋，壓成直徑約15cm的扁圓形，先單煎一面。等到餅皮周圍變乾再翻面煎。有小洞的那一面是正面。剩下的麵糊也是這樣煎(b)。

保存方式
完成後盡快食用。吃不完的話，
用保鮮膜包好，常溫保存1天。

Welsh Rarebit

威爾斯起司吐司

這道威爾斯的傳統料理出現於十八世紀左右，喜愛起司的威爾斯人將香濃起司醬（rarebit sauce）淋在麵包上，烘烤後食用。據說這也是他們第一道用起司做的料理。

這道鹹點過去也叫做「威爾斯的兔子」（Welsh Rabbit），取自威爾斯勞工常抓野兔來吃，含有貶低威爾斯人的意思。不過隨著時代演變，這道香濃誘人的料理現以起司吐司（rarebit）之名，成為享譽全英的早餐餐點之一。

❖ **材料**　吐司 1 片

吐司（10 片裝）⋯⋯1 片

A
｜ 起司絲（焗烤用）⋯⋯50g
｜ 無鹽奶油⋯⋯50g
｜ 啤酒⋯⋯2 小匙
｜ 黃芥末粉（p.47）⋯⋯¼ 小匙

蛋⋯⋯15g

鹽、胡椒⋯⋯各少許

❖ **前置作業**

• 蛋退冰至室溫，打成蛋液。

保存方式
　完成後盡快食用。吃不完的
　話，用保鮮膜包好，常溫保
　存 1 天。

❖ **作法**

備料 **1** 吐司放入烤箱，單面烤至金黃色。

2 將 A 下鍋，以小火加熱，用木匙輕輕混拌。

組合 **3** 待起司熱融後，關火起鍋，加入蛋液，用木匙輕輕混拌。以鹽、胡椒調味。

烤焙 **4** 把 **3** 放在吐司沒烤的那一面，放入烤箱烤 1〜2 分鐘。烤到起司略呈焦黃色即完成。

 英倫餐桌報告

尋找骨董器具

在英國，逛骨董店是最有趣的事之一。不管走過哪個街角，總會見到骨董店向你招手，推開門，就彷彿掉進了英國歷史的時光之洞。店內愈古老的東西愈是貴重，製作點心的器具與廚房用品更是迷人。從猶如博物館的精緻展示物，到日常普遍的器具都能找到。許多物品可不只是收藏用的骨董，像是沉甸甸的大鐵秤，一直到今天都還能用喔！布丁缽也是由母親傳給女兒的傳家寶之一呢！

若是巧遇點心的骨董模型，便會接著詢問使用該模型的點心名稱，進而調查作法或配方。我常在心裡感嘆：英國的傳統點心與

古老器具果然密不可分。了解愈多，就愈被器物背後的文化與歷史深深吸引。即使只帶回一套小巧的餐具或精緻的茶杯組，那也將成為造訪過某地的旅途回憶。倫敦的專賣店或常設店面固然方便，但我更推薦小鎮或郊外的骨董市集或鄉間小店。要是找到看對眼的物品，千萬別猶豫，趕緊買下吧！骨董這東西，錯過就再難遇到相同的了。

看著喜愛的古董，想像它曾經歷了怎樣的歲月才來到你身邊，也是奇妙而愉快的體驗。骨董對英國人來說，不只是裝飾品，而是每個家庭都珍惜使用的寶貝。

Welsh Cake
威爾斯小蛋糕

這是威爾斯地區的傳統點心。每到三月一日——威爾斯的國慶日,「聖大衛日」（St.David's Day,紀念威爾斯守護聖者的日子）必定要吃,現在是全英國整年都有賣的蛋糕。過去是以羊奶調製麵糊,再用鐵煎盤（p.15）煎烤。把鐵煎盤掛在暖爐上方烤肉用的吊鉤,利用熱度煎烤蛋糕。麵團的塑形方式不一,有些人是用手搓圓後擺到鐵板上,有些人是用壓模壓出形狀再烤。

威爾斯當地有許多現烤現賣的攤販,攤商會問你:「要撒細砂糖嗎?」請自由決定吧!拿到後趁熱抹上奶油享用,真的相當好吃!

❖ 材料　直徑 6cm　8～9 塊

　　　低筋麵粉……110g
　　　泡打粉……½ 小匙
A　　細砂糖……40g
　　　鹽……¼ 小匙
　　　肉豆蔻……½ 小匙
　　　綜合香料（p.154）……1 小匙

無鹽奶油……75g

醋栗……40g
葡萄乾……20g
蛋……½ 顆
牛奶……1 大匙

❖ 前置作業

* 奶油切成 2cm 左右的骰子狀,放進冰箱冷藏備用。
* 蛋退冰至室溫,打成蛋液。

保存方式

放入密封容器,常溫保存 3 天。

❖ 作法

備料
1 將A混合,篩入調理碗。
2 加奶油,用刮板切拌成鬆散的細沙狀。

組合
3 再加醋栗、葡萄乾,以及蛋液和牛奶,用木匙大略混拌。
4 用手抓拌,大致成團後,收整成厚 1cm×直徑 5cm 的圓形。

煎烤
5 放到已預熱的平底鍋或電熱烤盤上（若是用鐵製平底鍋,請加奶油〔材料分量外〕）,以小火煎烤兩面,烤到表面呈現金黃色即完成。剩下的麵團也這樣做。亦可先在表面撒上細砂糖再烤,會是另一種風味。

作法→p.146

Irish Tea Bread

愛爾蘭紅茶蛋糕

想吃這款傳入愛爾蘭的紅茶蛋糕，前一天就得先備料。先泡一壺濃一點的紅茶，放入葡萄乾浸泡整晚，吸飽紅茶的葡萄乾會變得香軟。要為扎實的蛋糕注入輕盈口感，這可是很關鍵的。請使用長方形烤模（磅蛋糕模）烘烤，切片後抹上奶油吃是傳統愛爾蘭式的吃法。

作法→p.147

Traditional Irish Soda Bread

愛爾蘭蘇打麵包

這個流傳了數個世紀的愛爾蘭傳統麵包，是不加酵母的麵包，材料只用了低筋麵粉、白脫牛奶和小蘇打！現在也會添加葡萄乾或醋栗等，增加口味變化，但原始的愛爾蘭麵包可是什麼都沒加唷！英國一般店家都有賣的白脫牛奶，因為在日本不易購得，可用無糖優格加水稀釋代替。這個蘇打麵包在愛爾蘭自古以來就是每天都吃的食物，如今全英國的超市都有販賣。根據英國人的説法，這款麵包「一定要配起司才對味！」

什麼是白脫牛奶（Buttermilk）？

從牛奶分離出奶油後剩下的液體，是製作奶油時的副產物。帶有酸味、口感滑順。又稱為乳清（whey），在英國做司康或麵包、料理都會使用。

145

Irish Tea Bread

愛爾蘭紅茶蛋糕

❖ **材料** 18×7× 高 6cm 的磅蛋糕模 1 個

紅茶液（茶包也可。使用喜歡的紅茶）
……90ml
葡萄乾……160g
黑糖……80g
愛爾蘭威士忌……20ml
蛋……1 顆
低筋麵粉……140g
泡打粉……½ 小匙

❖ **前置作業**

- 準備紅茶液，泡濃一點（160ml 的熱
  水：10g 的茶葉）。將葡萄乾放入紅
  茶液中，包上保鮮膜，在常溫下靜置
  一晚（若是夏季期間，請放入冰箱）。
- 蛋退冰至室溫，打成蛋液。
- 烤模內鋪入白報紙。
- 烤箱預熱至 180℃。

保存方式
　放入密封容器，常溫保存 5 天，
夏季期間為 3 天。

❖ **作法**

備料

1 將黑糖與愛爾蘭威士忌倒入調理碗，用打蛋器拌勻。再加蛋液拌合。

組合

2 從紅茶中撈出葡萄乾，加進 **1** 裡。

3 取 45ml 的紅茶液倒入 **2** 裡，用木匙拌合。

4 低筋麵粉與泡打粉混合，篩入碗內，用木匙拌至呈現光澤感。

烤焙

5 把麵糊倒入烤模，烤箱溫度調低至 170℃，烤 30～40 分鐘。用竹籤插入中心，
若無沾黏即完成。自烤箱取出，置於網架上冷卻。

Traditional Irish Soda Bread
愛爾蘭蘇打麵包

❖ **材料** 直徑 20cm　1 個

A
全麥麵粉……220g
低筋麵粉……150g
小蘇打……1 小匙
鹽……1 小匙

大燕麥片……50g
原味優格……150g
水……150ml
手粉（高筋麵粉）……適量

❖ **前置作業**

- 烤盤鋪上烤盤布。
- 烤箱預熱至 190℃。

保存方式
放入密封容器，常溫保存 5 天。

❖ **作法**

備料

1 將 A 混合，篩入調理碗。再加大燕麥片。

2 另取一碗，倒入優格與水，略拌備用。

組合

3 把 **2** 加進 **1** 裡，用木匙大略混拌，拌至水分消失後，用手抓拌成團。切記不要搓揉。

4 收整成圓形，收口朝下，放入烤盤。若表面看起來黏黏的，用手將整個麵團輕輕拍上手粉。

5 刀沾上手粉，在麵團表面劃上十字切痕。

烤焙

6 烤箱溫度調低至 180℃，烤 30～40 分鐘。烤到表面呈現金黃色，底部也烤乾上色即完成。

冬 Winter

Festive Mince Pies 全英

節慶百果餡派

百果餡派是從聖誕節到 1 月 6 日主顯節（Epiphany）的十二夜，每天吃一個的點心。過去是橢圓形，用來象徵襁褓中的耶穌基督。百果餡派（mince pies）如其原名，從前是以肉為餡，根據古書記載，用的是紅肉。在那個肉很珍貴、低溫保存不易的時代，以砂糖、酒及果乾醃漬後做成保存食品，甜甜的百果餡派就是延伸吃法之一。

如今的百果餡派已不放肉，而是用牛板油（suet）製作。傳統作法是用鬆脆酥皮（p.73）為底，但近來偏好輕盈的口感，所以也出現了用千層酥皮（或用冷凍派皮代替）的百果餡派。

Apricot and Orange Mince Pies 全英

杏桃柳橙百果餡派

在英國，市面上就能買到現成的瓶裝百果餡派填餡，雖然很方便，但自己做的更好吃唷！用奶油取代牛板油，也能做出超級美味的百果餡派。

❖ **材料**　直徑5cm的塔模　12個
　　　　　→也可用直徑6cm的瑪芬
　　　　　蛋糕模代替

鬆脆酥皮（p.73）……250g
百果餡（使用市售品，或是參考下文作法）……250～300g
細砂糖……30g
手粉（高筋麵粉）……適量

❖ **前置作業**

- 製作鬆脆酥皮麵團。
- 烤箱預熱至190℃。

保存方式　放入密封容器，常溫保存5天。

❖ **作法**

備料

1 將鬆脆酥皮麵團放在撒了手粉的平台上，用擀麵棍壓成3～4mm的厚度。

2 把麵團用沾了手粉、直徑6cm的壓模壓成圓形，鋪入直徑5cm的塔模。

組合

3 舀入1大匙左右的百果餡。請留意放太多會溢出，導致塔殼變形。

4 用沾了手粉的星形或花形壓模在酥皮麵團上壓出形狀，擺在**3**上，略撒些糖粉。以同樣方式完成剩餘材料。

烤焙

5 烤箱溫度調低至180℃，烤10～15分鐘。烤到酥皮變成金黃色即完成。自烤箱取出後，置於網架上放涼。

百果餡

自己動手做更好吃，有時間請試做看看。
可以多做一些保存備用。

❖ **材料**　完成的量　約300g

杏桃……45g
葡萄乾……130g
醋栗……50g
柳橙汁……2大匙
柳橙皮（磨碎）……½個
柑橘果醬……20g
黑糖……50g
綜合香料（p.154）……1小匙
肉豆蔻……½小匙
無鹽奶油……40g
白蘭地或威士忌……3大匙

❖ **作法**

1 杏桃切成粗末。

2 奶油、白蘭地（或威士忌）之外的材料全部倒入調理碗，用木匙大略混拌，包上保鮮膜靜置一晚，讓果乾充分浸潤（若是夏季，請放進冰箱冷藏一晚）。

3 把**2**倒進平底鍋，加奶油，以中火加熱，用木匙拌炒約10分鐘。

4 起鍋放涼後，依個人喜好加入白蘭地或威士忌，輕輕拌合。

保存方式　放入密封容器，常溫保存5天。

Christmas Pudding 全英

聖誕布丁

「攪拌的星期天」是製作聖誕布丁的日子
～充滿媽媽味的完美聖誕布丁～

在英國傳統點心中，聖誕布丁是非常特別的一種，至今仍有許多人親手製作，是母親會教導孩子的必備家傳點心之一。十二月二十五日聖誕節前的四週稱為「將臨期」（Advent，或稱待降節），人們會在家中擺上放蠟燭的「將臨環」與聖誕倒數月曆（advent calendar），歡喜迎接聖誕節的到來。在英國，將臨期前的週日叫做「Stir up Sunday」，這就是做聖誕布丁的日子。反正是星期天，那就「Stir up（攪個夠）」吧！這名字真貼切！聖誕布丁真的就是這樣，只要攪一攪、拌一拌就完成了。

以下是Stir up Sunday的聖誕布丁作法描述：
"Stir up Sunday is the traditional day for everyone in the family to take a turn at stirring the Christmas Pudding, whilst making a wish."
「聖誕布丁是全家共享的食物。齊心協力一同製作時，千萬別忘記 make a wish!!」

傳統上，當天全家人要聚在一起，將材料倒入陶製的大攪拌盆，朝著祝賀耶穌誕生的東方三賢士來的方向（由東向西），用木匙攪拌。一邊攪拌一邊用心祈求家人健康或許下願望。如果説出口願望就不會實現了，所以一定要很安靜、默默地專心許願喔！

攪拌盆裡的材料相當簡單，只有大量的果乾、橙皮、麵粉、蛋、麵包粉以及牛板油。拌勻後和小飾物一起放入布丁缽，蓋上烤盤紙。最後用棉布包好，就完成備料了。因為布丁在蒸烤過程中會膨脹鼓起，

烤盤紙與棉布記得要折出凹折。周圍再以麻繩綁緊固定，用棉布綁成提把，接著就是下鍋蒸。

小一點的布丁要蒸一小時，大一點的要蒸六小時左右。使用大量的材料與時間，費時費工完成這道奢華的布丁。蒸好後置於陰涼處等待熟成，在聖誕節來臨前，請耐心等待五週以上。還有英國友人説，只要把聖誕布丁放在沒開暖氣的房間好好保存，明年的聖誕節還能吃呢！今年的聖誕節吃的是去年做的聖誕布丁，很有趣吧！

到了聖誕節，終於可以品嚐布丁。聖誕晚餐開始前，將布丁重新回蒸。蒸的時間依布丁的大小而異，基本上大約是一小時。蒸好的布丁脫模盛盤，關掉燈光，把溫熱的蘭姆酒淋在布丁上，然後點火——全家圍著燃起火光的布丁，共度美好的時刻，再分食享用。吃法有兩種，一種是佐白蘭地鮮奶油或白蘭地奶油。現在也有人搭配香檳鮮奶油或普通鮮奶油等，請選擇自己喜歡的口味吧！

1、2 熟成入味的聖誕布丁淋上白蘭地，點火燃燒。果香味更加突出，為濕潤的蛋糕體增加風味。

聖誕布丁與六便士硬幣

英國的聖誕布丁有個東西非放不可，那就是六便士（six pence）硬幣。象徵幸運的六便士硬幣放進布丁裡，切開分食後，吃到六便士硬幣的人就能獲得幸運。「我的布丁有沒有六便士硬幣？」邊吃邊找，就像在玩小遊戲，讓人吃得很愉快。

帶來幸運！出生年的六便士硬幣

不過，英國曾採十二進位制，所以才會有六便士的硬幣（一先令等於十二便士），六便士硬幣於 1967 年停止鑄造。據說新娘在婚禮上帶著六便士硬幣會變得幸運，因此不少人都會蒐集六便士硬幣，如今在骨董店也找得到唷！也有珠寶店把六便士硬幣加工成飾品販售。

十五年前，我也在「埃文河畔斯特拉特福」（Stratford-upon-Avon）買到過（右上圖）。伊利莎白女王的剪影被上色，硬幣也被塗上搪瓷。因為傳說持有自己出生年的硬幣帶來幸運的效果最好，我找了許久才找到，所以很小心保存，沒放進布丁。

布丁小飾物是帶來幸運的魔咒

放進聖誕布丁的小飾物，各有不同的含意。自己分到的布丁裡會出現什麼，也是吃聖誕布丁的樂趣。最有名的六便士硬幣，象徵幸運。原本是用三便士，後來改成六便士，被視為招財的重要幸運物。頂針代表的是「愛」，穿洞後可做成項鍊戴在身上。有個傳聞，從同一個布丁吃到六便士與頂針的男女會結為連理。此外，帶來幸運的馬蹄鐵也常用於結婚蛋糕的裝飾。據說還能避邪，因此被掛在帆船或家門

上。掛的時候，一定要將圓弧處朝上，否則會招來不幸。我家玄關旁也掛了馬蹄鐵。鈕釦（bachelor's button）象徵別在男性衣領的小花，原表示已有交往的戀人，但在這裡吃到的話，似乎有接下來一年會單身的意思。鐘則象徵著通知祈禱時間的教堂或修道院鐘聲，可以驅除暴風雨或邪惡，帶來幸運。

不知道在今年的聖誕布丁裡，你會吃到什麼呢？不妨期待一下吧！

Christmas Pudding

聖誕布丁

以往製作聖誕布丁時，會加大量的果乾、橙皮、麵粉、蛋、麵包粉與牛板油，但近來輕盈的口感較受歡迎，許多人改用奶油取代牛板油。愈來愈多英國人晚餐後選擇吃口味清淡一點的布丁，看來布丁也掀起了另一種養生健康風潮。

材料　直徑12cm　1個
（容量400ml的布丁缽或調理碗　1個）

無鹽奶油……40g
黑糖……70g
蛋……1顆

A
低筋麵粉……20g
泡打粉……2g
綜合香料（p.154）……½小匙
肉桂粉……¼小匙
肉豆蔻……少許

麵包粉……50g
白蘭地……2大匙

B
綜合果乾……150g
葡萄乾……100g
醋栗……30g
橙皮……20g
蘋果（磨碎）……60g
柳橙皮（切細絲）……1小匙
檸檬皮（切細絲）……1小匙

白蘭地鮮奶油……適量
白蘭地奶油……適量

前置作業

- 布丁缽（或調理碗）內側塗上薄薄一層奶油（材料分量外）。
- 配合缽（碗）底的大小，將烤盤紙剪成圓形後鋪入。
- 奶油置於室溫下回軟。
- 蛋退冰至室溫，打成蛋液。
- 蘋果用刨磨器磨碎。

作法

備料

1 奶油放入調理碗，用木匙攪拌。

2 再加黑糖，刮底攪拌，少量地加入蛋液混拌(a)。

組合

3 接著篩入 A，再加麵包粉大略混拌。加進 B 與白蘭地，用木匙混拌(b)。

　＊ Make a Wish！記得邊攪拌邊在心中許願！

4 把 **3** 倒入布丁缽或調理碗，依序蓋上中央凹折的烤盤紙與鋁箔紙(c)、(d)、(e)。

5 取一大鍋，擺入可放置布丁缽或調理碗的小盤或蒸架，擺上 **4**，注入8分滿的熱水(f)。

蒸炊

6 蓋緊鍋蓋，慢火炊蒸3小時。過程中如果水量變少，請添加適量的熱水。用竹籤插入中心，若無沾黏即完成。

7 拿掉鋁箔紙與烤盤紙，蓋上新的烤盤紙及鋁箔紙，放進冰箱冷藏。到了聖誕節當天，以作法 **6** 的方式重新炊蒸約1小時。依個人喜好淋上白蘭地鮮奶油（鮮奶油加白蘭地）或白蘭地奶油（奶油加白蘭地混拌而成）享用。

英式點心的材料與道具

英國點心的作法簡單，多半是品嚐食材的原味。因此，請盡量選用新鮮、品質好的材料，這是影響點心美味的關鍵。器具請使用家中現有的即可。若手邊有骨董器具，也不妨試著拿出來用用看。享用親手做的英國點心，與家人朋友們共度美好的午茶時光吧！

奶油

本書選用無鹽奶油，這是決定點心味道的關鍵食材。選擇新鮮優質的產品，依據製作的點心調整奶油狀態（冷藏後直接使用或退冰至室溫）也很重要。

細砂糖

英國人常用比細砂糖還細的幼砂糖（castor sugar），與細砂糖相近，故書中選用這個代替幼砂糖。

黑糖

具有獨特風味的黑糖，可增加甜度、加強風味。使用時，記得先用網眼大的網篩過濾。

低筋麵粉

點心的基底，必須選優質的產品。使用前需先過篩。

燕麥片

將燕麥炊蒸後，碾壓為片狀，通常稱為「大燕麥片」（oatmeal），在超市或烘焙材料行、進口食材店等處皆可購得。

肉豆蔻

用於肉類料理與點心的辛香料。市售品多半為肉末，如果買得到肉豆蔻的種子更棒，要用多少就用刨磨器現磨。

泡打粉

製作英國點心常會用到泡打粉，選擇無鋁泡打粉不會有苦味，吃起來比較放心。泡打粉放久了，膨發效果會變差，建議少量購買，這樣隨時都能用新鮮的泡打粉製作。

黃芥末粉

除了粉末，還有黃芥末醬，是料理與點心不可或缺的辛香料。買不到這個牌子的話，也可用普通的黃芥末粉代替。

金黃糖漿

Golden Syrup ，煉製砂糖的過程中，產生的金黃色糖漿。在英國稱為金黃糖漿。這可說是英國家家戶戶的常備食材，除了做點心，料理也可使用。日本的烘焙材料行也能買得到。

註：又名轉化糖漿，台灣的烘焙材料行偶有販售，買不到的話也可自行製作。

番紅花

番紅花（saffron）是用原產於地中海的鳶尾科雌蕊蕊乾燥製成。被視為珍貴的藥材，因色澤美麗也被用作染料。製作點心或料理時，可用來增香添色。

綜合香料的作法

英國的點心、料理不可或缺的辛香料。日本與台灣市售的綜合香料多為咖哩使用，與英國常用的綜合香料不同，下方提供比例供各位自行調配。香料配方很多，不妨選擇喜歡的香料製作出專屬的配方。

香菜籽粉	2大匙
肉桂粉	1大匙
肉豆蔻粉	1小匙
肉豆蔻衣粉	½小匙
薑粉	½小匙
丁香粉	½小匙

將上述的香料倒入調理碗混合，裝進密封瓶保存。請勿放太久，趁香氣狀態佳時盡快用畢。

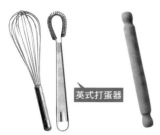

打蛋器

推薦使用堅固耐用好清理的不鏽鋼材質。配合調理碗的大小，準備2～3支不同尺寸比較方便。

麵棍

用於壓展麵團。用完後，洗淨並完全晾乾。

木匙

木匙是英國的主流烹飪器具，也可用橡皮刮刀代替。用來做點心的木匙請勿拿來做其他料理，以免沾染氣味。木匙用得愈久，會愈愛不釋手。

網篩

讓麵團或麵糊的質地變柔滑、口感變好的重要器具。英國點心使用的粉料量多，大一點的網篩較好使用。粉料的量少時，可用濾茶器代替。

刮板

用於混拌、分切材料。本書是用來做司康。

矽膠刷

料理、點心的專用刷。以前是用馬毛或豬毛製作，現在多為矽膠材質。好清洗又衛生，建議使用這種類型。

烤模（方形）

活動底的烤模很方便，但普通的方形模只要鋪入烤盤布或白報紙也OK。烤餅（flapjacks，燕麥片甜餅）等使用烤盤的烤焙點心也可用這種烤模製作。

烤模（圓形）

活動底的款式也可。選擇高6cm的尺寸，鋪入白報紙使用。用完後，利用烤箱的餘熱使其完全乾燥並收好。

布丁缽（盆）

製作布丁的專用模型。傳統的是陶製材質，現在以耐熱的塑膠材質為主流。也可用調理碗等代替。

網架（冷卻架）

讓烤好的點心散熱冷卻的網架。最好選網孔小的，放小一點的餅乾也不會掉。

烤盤布

可重複使用的烤盤布省錢又環保。洗好後，靜置晾乾。千萬別用刀子直接切劃。

烘焙紙（白報紙）

鋪在蛋糕模等烤模內使用。薄一點的紙會吸油且好撕，可至文具店、烘焙材料行等處購得。

擠花袋

免洗式擠花袋用完即丟，可配合擠花嘴的大小，裁剪袋口前端，用起來方便衛生。

司康模

建議選用有一定高度、邊緣銳利好脫模的不鏽鋼材質。每次壓麵團時，都要先沾手粉。可用慕斯圈代替。

秤、量匙

製作點心時，建議使用可精確測量（以1g為單位）的電子秤。量匙用耐熱材質的比較方便。

cuoca（クオカ）http://www.cuoca.com ☎ 0120-863-639

英國在地的烘焙材料

麵粉、砂糖、蛋及牛奶等，這些生活中常見的烘焙食材，在不同國家還是有所差異。以下為各位介紹英國在地的烘焙材料與器具，了解愈多就會覺得愈有趣。

麵粉　Flour

　　一般的英國家庭常做簡單的烤焙點心，用派皮做菜（牛肉腰子派等）或放上卡布樂（cobbler，拌合粉料，似司康）的料理等，用到麵粉的料理很多。此外，學校家政課的烹飪實習也經常教使用麵粉的料理，做麵包類的點心也一定要用到，相當於日本的米，是很重要的食材。

　　不過，英國的麵粉與日本有很大的差異。麵粉依蛋白質（麥麩〔gluten〕、麥膠蛋白〔gliadin〕）含量分為低筋、中筋與高筋麵粉。日本低筋麵粉的蛋白質含量約6.5～8%。但，英國沒有相當於日本低筋麵粉的麵粉，就算是普通麵粉（plain flour），蛋白質含量也有10%，比較接近中筋麵粉。

　　英國人最常用的是自發麵粉（self raising flour），當中已添加泡打粉。司康或烤焙點心、蛋糕等，幾乎都是用這種麵粉。英國大部分的食譜都是使用自發麵粉。做司康等點心時，再加泡打粉。

　　雖然現在買得到海綿蛋糕用的細顆粒麵粉或法國產的麵粉，但多數的英國人還是習慣用自發麵粉。市面上種類豐富，從麵粉製造商到超市的自有品牌都有。各季還會推出名廚監製的預拌粉，一般超市就能買到多種專用粉。家家戶戶似乎都有自己愛用的麵粉。

中／低筋麵粉
多為紅色包裝。用於料理及蛋糕的製作。烤好後的口感濕潤為特徵。

藍色包裝的自發麵粉。英國的司康等烤焙點心幾乎皆使用這種麵粉。已添加泡打粉，膨發效果佳，非常方便。目前日本、台灣尚無販售（＊）

其他種類的麵粉
英國的麵粉種類很多，英國人會依用途選擇不同的麵粉。
左／查爾斯王子自創品牌的有機麵粉。中／製作海綿蛋糕的專用自發麵粉。烤好的蛋糕體質地細緻。右／英國最受歡迎的品牌的麵粉。

高筋麵粉
做麵包用的麵粉。蛋白質含量高，以硬質小麥磨製而成，顆粒粗且鬆散，做點心時可用來當手粉。

＊雖然買不到自發麵粉，但可以自己調配。英國食譜書中會用到的自發麵粉，比例配方如下：
1杯（110g）低筋麵粉＋3g的泡打粉。

砂糖　Sugar

　　英國超市販售各式各樣的砂糖，有黑糖（dark brown sugar）、黑綿糖（brown soft sugar，接近三溫糖）、黃糖（light brown Sugar，顏色稍淺）等精製度不同的糖，也有細砂糖（granulated sugar）、幼砂糖（caster sugar，顆粒細的細砂糖）、糖粉（icing sugar）等用途不同的糖。種類如此豐富的砂糖，都能在一般超市買到，還會依料理或點心不同用法分類。在英國做點心真的很方便啊！另外，還有做果醬專用的含果膠砂糖。

　　日本製作甜點多用含水量高的上白糖，英國最常用於料理與點心的則是「幼砂糖」，顆粒比細砂糖細、易溶解。綿細的幼砂糖，用餐匙就能挖很多。通常是裝在薄紙袋販售，因為英國的氣候乾燥所以沒關係，但在濕氣重的日本（與台灣），很容易就結塊，保存時請務必注意。

蛋　Egg

英國的雞蛋都是紅殼蛋，不像日本會進行徹底的殺菌，所以不能生吃！不過，英國對於蛋的品質管理相當用心，蛋殼上都有印數字編碼，方便消費者了解雞的飼養環境。除了價格，透過這個完善的系統，就能夠立刻檢視所有必要資訊。而且還有品質保證的獅子標章（＊1），更加令人安心！

法規也與時俱進（＊2），以前將雞養在一個鞋盒大的狹小雞籠，每天光照數十小時迫使下蛋的飼養方式已被禁止。也因雞籠大小有所限制，雞蛋無法大量生產，於是蛋價節節高升。

在科茨沃爾德以自然交配方式生產的Cotswold Egg有著淺藍色蛋殼，是很珍貴的蛋。因其美麗的顏色受人喜愛，近來因為名廚在電視上使用變得有名，價格也很昂貴。現在還推出了名為奢華雞（Posh Bird）的商品。要做用到蛋殼的料理或是水波蛋（poached eggs）時應該很適合。可是，蛋在出貨前似乎很少進行殺菌消毒，經常會在蛋殼上看見雞毛或雞糞。蛋廠的大叔說：「這就是新鮮的證據！」但不生食蛋的英國人或許覺得沒關係吧！

牛奶　Milk

英國的牛奶依脂肪含量分色標示。比起用途，家家戶戶選用牛奶時更在意乳脂肪的含量。容量從小瓶的100ml到家庭號的3ℓ都有。

此外，超市也有賣鴨蛋（比雞蛋大一倍）、鵪鶉蛋（但買氣不太好）等許多蛋類。

蛋殼上數字編碼的含意：

0 有機雞蛋（organic egg，吃有機飼料的雞產下的蛋）
　未使用抗生素等藥物飼養的雞所產的蛋。

1 放養雞蛋（free range egg，放養雞產下的蛋）附上農場的ID編號。平時在戶外自由活動，晚上移入雞舍的雞所產的蛋。

2 圈養雞蛋（barn egg，只養在雞舍的雞產下的蛋）仍有活動空間，大量飼養在雞舍的雞所產的蛋。

3 籠養雞蛋（cage egg，養在雞籠的雞產下的蛋）各別養在一個鞋盒大的空間的雞所產的蛋。每年的規定愈來愈嚴格（＊2），約六個月就要換一批雞隻

＊1 品質保證的獅子標章（Lion Quality Mark）
1998年導入的制度。只有接種過沙門氏菌疫苗的雞所產的蛋，才能在蛋殼印上「British Lion Quality」。由於獅子標章的普及，即便在餐廳等地外食也能安心品嚐半熟蛋。但，英國人不太喜歡吃不熟的蛋，甚至鮮少吃生蛋。

＊2 根據歐盟管理協調會1999年提案（European Union Council Directive 1999／74／EC），2012年1月後禁用狹小的層疊籠（battery cage），必須採取室內（平飼）放養或福利籠（furnished cage，每隻雞擁有750 cm2以上的空間）的方式養雞。

英國的蛋架

古老的木製蛋架

英國人自古以來就會用這個廚房用品，讓珍貴的蛋保持新鮮狀態。排排站的蛋看起來真可愛。

保久乳
（又稱滅菌乳）

賞味期限長達半年左右，在未開封的狀態下可常溫保存，是英國人廚房的常備品。

種類	乳脂肪含量	特徵	用途
脫脂乳（Skimmed）	0.1%	味道清淡	用於料理
半脫脂乳（Semi skimmed）	1.7%	用途廣泛，最方便使用	加進紅茶
全脂乳（Whole）	3.6%	濃郁高脂	加進紅茶

卡士達醬　Custard

　　英國人自製甜點、蘋果烤奶酥或布丁等點心時，總會淋上滿滿的卡士達醬。

　　雖然卡士達醬如此重要，自製的人倒是不多，通常買現成的居多。走進超市的冷藏食品區會見到整排卡士達醬，外包裝與優格相似，有香草口味或低脂等種類，選擇繁多。此外，還有紙盒裝的常溫卡士達醬，種類也很豐富。在眾多商品中，外包裝上有著鮮艷紅黃藍三色的「三鳥牌」（Bird's），是長年深受英國人喜愛的品牌。該牌卡士達粉加熱水就能做成卡士達醬。不同於一般熟悉的蛋黃與香草風味濃郁的卡士達醬，三鳥牌（Bird's）卡士達粉因為沒加蛋，顏色較淺，味道也沒那麼濃厚。

　　在英國不可或缺的三鳥牌（Bird's）卡士達粉，創立者是阿弗雷德·博德先生（Mr. Alfred Bird）。他的妻子對蛋過敏，無法在甜點上淋卡士達醬，出於憐惜之心，他想盡辦法要讓妻子吃到淋上滿滿卡士達醬的點心。1837年終於研發出不加蛋的卡士達粉。據說原始的配方是用牛奶加玉米粉做成卡士達風味的淋醬，如今已成為英國的必吃食品。

　　英國人都是吃這牌子的卡士達粉長大的，而且吃的量還真不少，看他們的蘋果烤奶酥就知道，總是放上大量卡士達醬，幾乎看不到烤奶酥！三隻黃藍色的母鳥與小鳥商標，辨識度極高，包裝自1929年至今從未改變。來到英國後，我也吃慣了這個口味，就算吃到巴黎或日本的卡士達醬，還是會懷念英國的卡士達粉。

種類豐富的卡士達醬

＊新鮮卡士達醬…冷藏販售的杯裝卡士達。有添加香草或低熱量等多樣化的口味。
＊利樂包卡士達醬…可長期保存。因為是鮮奶油狀，可以馬上吃。
＊罐裝…最適合長期保存，是英國家庭的常備品。多種容量可選擇，相當方便。
＊粉末…用牛奶或開水溶解即可，做起來快速輕鬆。

鮮奶油　Cream

英國有非常多優質的乳製品，鮮奶油依乳脂含量分為各種用途。像是已打發的鮮奶油等在日本就很少見。

（每100ml）	熱量（kcal）	乳脂（g）	乳脂（g）	特徵	適用的甜點
Whipping Cream	370	38.9	3.0	打發用的鮮奶油	用於需要硬性發泡鮮奶油的點心
Ready Whipped Cream	364	37.6	2.8	已打發的鮮奶油	與 Whipping Cream 相同
Extra Thick Cream	238	23.8	3.7	已打發的硬性發泡鮮奶油	用於伊頓雜糕等
Double Cream	445	47.5	2.6	可打發的鮮奶油	用於香蕉太妃派等
Single Cream	188	18.0	3.9	無法打發的鮮奶油	用於料理
Pouring Cream (Reduced Fat)	131	11.4	4.5	低脂鮮奶油	用於料理
Soured Cream (Half Fat)	129	8.5	7.3	酸奶油	用於肉類料理等
Buttermilk (Low Fat)	66	0.2	0.0	白脫牛奶	用於司康
Rodda's Clotted Cream	560	60.5	0.0	凝脂奶油	搭配司康食用
Fresh Custard	120	4.4	14.0	卡士達鮮奶油	用於蘋果烤奶酥等

卡 士 達 醬 的 作 法

材料 完成的分量 約250g

蛋黃……3顆的量
細砂糖……3大匙
牛奶……250ml
蘭姆酒……1大匙

Bird's的卡士達粉很好用，但在家也能輕鬆動手做喔！剛做好的熱卡士達醬配布丁一起吃，愛吃卡士達醬的人請多淋一些！

【使用的食譜】

「果醬蛋糕卷」（p.39）、「果乾蒸布丁」（p.52）、「糖漿海綿蛋糕布丁」（p.116）

作法

1 蛋黃與細砂糖倒入調理碗，用打蛋器攪打至變成淺黃色。
2 牛奶下鍋，以中火加熱至快沸騰後，慢慢地加進 **1** 裡，邊加邊用打蛋器輕輕攪拌。
3 再將 **2** 倒回裝有牛奶的鍋子，以中火煮到出現黏稠感。關火起鍋，加蘭姆酒即完成。
4 趁熱淋在布丁上享用。若是要做乳脂鬆糕等冷藏點心，請倒進鋪有保鮮膜的托盤，放入冰箱冷藏。

太 妃 糖 醬 的 作 法

材料 易做的分量

煉乳……1罐（約397g）

只要有煉乳就能做太妃糖醬，隔水加熱150分鐘即完成。經過一段時間的加熱，打開蓋子時，會有著期待又緊張的心情。除了香蕉太妃派，淋在水果或優格上吃也很棒。另外也有不使用煉乳罐的太妃糖醬作法（請參閱 p.97）。

【使用的食譜】

「太妃糖布丁」（p.34）、「香蕉太妃派」（p.94）

作法

1 將折成四折的布放進鍋中，擺入煉乳罐。
2 接著加水，水量要蓋過煉乳罐，以中火加熱 150 分鐘。
3 過程中改變煉乳罐的方向，每隔 15 分鐘加熱水，使煉乳罐保持泡在熱水中的狀態。
4 150 分鐘後，自鍋中取出，等到完全冷卻再開罐。待白色的煉乳變成焦糖色即完成。火候的控制會影響顏色的深淺。

Reference 參考文獻

- The Pudding Book Helen Thomas
  Hutchinson & Co. (Publishers) Ltd 1980
- The DINER'S dictionary
  Word origins of food & drink
  John Ayto
  Oxford University Press 1990
- The Wholemeal Kitchen Miriam Polunin
  William Heinemann Ltd 1977
- Cookery Gift Book
  The Amalgamated Press, Ltd.,

- Christmas Crafts & Cooking Pamela Westland
  Hermes House 1993
- Country Living Country Christmas
  Ebury Press 1990
- Food Britannia
  Andrew Webb
  Random House Books 2011
- The Oxford Companion to Food, Second Edition
  Alan Davidson
  Oxford University Press 2006

- The Colman's Mustard Cookbook
  Paul Hartley
- Lyle's Golden Syrup Cookbook
  Paul Hartley
- Ann Summers Creator of the World
  Famous Bakewell Pudding
  Paul Hudson
- The Wholemeal Kitchen Miriam Polunin
- Cookery Gift Book The "Best Way" Series

結語

我抱著「跟著點心遊英國」的初心，完成了這本書。

一路走來，驚喜地發現許多隱身於地方、世代相傳的古早味點心，竟是如此的美味。

儘管時代更迭，英國人仍保有自己動手做點心的習慣，讓美好的味道一代傳一代。

各地的特產與點心，展現了不同的地方魅力，也體現了當地的歷史文化脈絡，

愈是了解蘊藏在點心文化背後的故事，就會更加喜歡英國。

若是各位因為讀了本書，而打從心底愛上英國，我將感到非常榮幸！

由衷感謝所有閱讀本書的讀者、The British Pudding 糕點教室的學生們以及工作人員。

最後，在此對幫助過我的每個人，致上最深切的謝意。

Special thanks to Peter Bird who kindly gives me the useful advice for writing this book.
With love from Tamao.

砂 古 玉 緒

【作者簡介】

砂古玉緒

英國點心研究家、烘焙衛生管理師
糕點烘焙教室「英國菓子 · 歐洋菓子
教室 The British Pudding」負責人

出生於廣島，旅居英國超過十年。
從事英國點心的研究、製作，以及烘
焙教室的教學、演講活動。
2014 年，擔任 NHK 連續劇《阿政與
愛莉》中蘇格蘭料理與點心的製作指
導顧問。
2012 年底回到日本，隔年 6 月在大阪
開設烘焙教室，除了英國的傳統點心、
地方點心及料理的教學，課堂上還會
分享與點心有關的歷史、由來等文化
知識。熱愛閱讀英國古書，研究點心
的歷史與配方。

糕點烘焙教室「英國菓子 · 歐洋菓子教室 The British Pudding」
http://britishpudding.com/

版面構成	高市美佳
攝　影	安彥幸枝
	砂古玉緒 p.11、p.13、p.24、p.65
	（商品）、p.71、p.78（商品）、
	p.91、p.93、p.113、p.115、
	p.125、p.132-133（現場照片）、
	p.156-157（商品）
	Jeremy Rawlings p.63
繪　圖	Eriy
校　對	西進社
協力編輯	有田真由美
編　輯	櫻岡美佳

【材料提供】
cuoca http://www.cuoca.com/